ANGELA BECK

Zwerg — kaninchen

HALTEN – PFLEGEN – BESCHÄFTIGEN

MIT KOSMOS MEHR ENTDECKEN
Der ideale
Einstieg
SEIT 1822

KOSMOS

Inhalt

In drei Schritten zum Experten

1. SCHRITT
alles im Überblick

Am Anfang des Kapitels finden Sie das Wichtigste auf einen Blick. Seitenverweise führen Sie gezielt zu den ausführlichen Informationen.

2. SCHRITT
alles Wissenswerte

Abgeschlossene Doppelseiten bieten weiterführende Informationen zu den Themen. Entweder lesen Sie von hier aus weiter oder Sie gehen zurück zum Überblick, um das nächste Thema auszuwählen.

3. SCHRITT
alle Extras

Das könnte Sie auch noch interessieren, denn hier finden Sie Themen, die über das Wesentliche hinausgehen. Diese Seiten sind kein Muss, machen aber neugierig und Lust auf mehr.

Kaninchen und Gehege

Grundausstattung

Alles bedacht?

Bevor Sie sich Zwergkaninchen zulegen, überlegen Sie, ob Sie die nächsten acht bis zehn Jahre für die Tiere sorgen können und wollen. Kaninchen wollen nicht alleine leben. Halten Sie daher mindestens zwei Tiere! Besorgen Sie die Grundausstattung und richten Sie das Heim ein, bevor Sie die Tiere kaufen. Zwergkaninchen bekommt man im Zoofachhandel, beim Züchter, im Tierheim oder bei Tierschutzorganisationen, manchmal auch von Privat.

Checkliste

Darauf achten Sie beim Kauf:

- ☐ Die Tiere sind mindestens 10 Wochen alt.
- ☐ Sie sind nach Geschlechtern getrennt.
- ☐ Die Augen glänzen, Nase und Ohren sind sauber.
- ☐ Das Fell ist sauber, dicht und glänzend, ohne Verklebungen am Po.
- ☐ Sie bewegen sich, ohne zu hinken.
- ☐ Sie sind kompakt gebaut, nicht fett oder abgemagert.

Wer mit wem?

Ein Pärchen ist die ideale Kombination, wenn das Männchen kastriert ist. Auch zwei oder mehr Weibchen können sich miteinander vertragen. Männchen harmonieren seltener.

S. 20

Grundausstattung

Das brauchen Sie als Erstausstattung für zwei Tiere:

- ❏ geräumiges Gehege
- ❏ zwei Häuschen mit mehreren Eingängen
- ❏ zwei Futternäpfe
- ❏ einen Wassernapf
- ❏ Heuraufe und Heu
- ❏ Toilettenschale und Einstreu
- ❏ Weidentunnel, Röhren, Rampen usw.

S. 28

Nach draußen

Freilauf im Garten bietet den Zwergkaninchen Abwechslung, frische Luft und Sonnenschein. Vorher sollten Sie die Tiere an Gras und Kräuter, die sie draußen vorfinden werden, gewöhnen: Beginnen Sie mit kleinen Mengen an frisch mit einer Schere geschnittenem Gras und steigern Sie die Menge allmählich. Wichtig ist außerdem, das Gehege rundum zu sichern, so dass die Kaninchen nicht hinaus und Tiere wie Marder, Füchse, Hunde oder Katzen hinein gelangen können.

S. 24

IN 6 SCHRITTEN
ZUM ZUTRAULICHEN ZWERGKANINCHEN

Wo Zwergkaninchen herkommen

Die wilden Ahnen Wildkaninchen sind ursprünglich im Südwesten Europas zuhause. Sie sind sehr gesellig und leben in Großfamilien in selbst gegrabenen Erdbauen. Sie sind wahre Architekten und legen zahlreiche Tunnel, Haupteingänge, Wohnbereiche und Notausgänge an. Hierzu bevorzugen sie mit Büschen bestandenes, hügeliges und möglichst sandiges Gelände, das ihnen Schutz und reichlich Futter bietet.

Immer auf der Flucht

Da Kaninchen viele natürliche Feinde haben, leben sie sehr vorsichtig. Meistens verlassen sie ihren Bau im Schutz der Morgen- und Abenddämmerung und suchen in der Nähe nach Gräsern und Kräutern. Dabei sind sie stets sehr wachsam: Mit Augen, Ohren und Nase sondieren sie die Umgebung, um schnell weglaufen zu können. Sobald etwas verdächtig erscheint, wird

Wildkaninchen sind die Vorfahren unserer Zwergkaninchen, aber auch der Stallkaninchen.

Gesellig Kaninchen leben in der Natur in Großfamilien. Auch bei uns wollen sie nicht alleine sein.

Zwergkaninchen sind leicht an ihren besonders kurzen und kompakten Ohren zu erkennen.

Alarm geschlagen. Ein kurzes Trommeln mit den Hinterbeinen genügt, und alle Sippenmitglieder sind wie vom Erdboden verschluckt.

Familienleben

Kaninchenkinder kommen nackt und blind in einer gut gepolsterten Höhle zur Welt. Dort verbringen die kleinen Nesthocker die erste Zeit und werden von der Mutter versorgt. Innerhalb einer Wildkaninchensippe herrscht eine feste Rangordnung. Dabei dominiert ein Rammler über die Männchen, eine Häsin über die Weibchen und die Gruppe. Kaninchen verständigen sich über Körpersprache und Geruch.

Vom Wildtier zum Haustier

Kaninchen fühlen sich fast überall wohl, deshalb wurden sie schon bald in Menschenobhut gehalten. Sie dienten als Fleisch- und Felllieferanten und waren in den Klöstern sogar als Fastenspeise zugelassen. Im Laufe der Zeit wurden Kaninchen gezielt gezüchtet. Erst wollte man dicke, kräftige Tiere mit viel Fleisch und weichem Fell. Dann wurde die Zucht zum Zeitvertreib, den besonders die Holländer und Engländer liebten. Dabei entstanden auch die Zwergkaninchen. Mit ihren runden Köpfchen, den großen Augen und der Stupsnase, dem kuscheligen Fell und ihrer Zu-

traulichkeit wurden sie zum erklärten Liebling von Alt und Jung. Auch die geringe Größe und ihr freundliches Wesen trugen dazu bei, dass sie bald zu beliebten Heimtieren wurden.

So sind Zwergkaninchen

Kaninchen sind Rudeltiere und wollen nicht alleine leben. Daher brauchen Kaninchen mindestens einen Artgenossen oder eine kleine Gruppe. Die kleinen Langohren brauchen viel Platz, damit sie zusammen rennen, toben und kuscheln können, und sie haben ein interessantes Sozialverhalten. Es macht viel Spaß, sie zu beobachten. Bereits am frühen Morgen geht es los, und auch abends und nachts sind die dämmerungsaktiven Tiere munter.

STECKBRIEF ZWERGKANINCHEN

— relativ kurze, eng zusammenstehende Ohren (5–7 cm lang)
— kompakter, wälzenförmiger, gedrungener Körper
— Körperhöhe und -breite machen ca. ein Drittel der Länge aus
— runder, markanter Kopf mit breiter Stirn und Schnauze sowie ausgeprägten Backen
— Gewicht: ausgewachsen 1–1,25 kg, Widderzwerge bis 1,5 kg

Die schönsten Kaninchenrassen

Große Vielfalt Zwergkaninchen gibt es in fast allen Variationen. Einfarbig oder gescheckt, langhaarig oder kurzhaarig, mit Stehohren oder mit Schlappohren. Viele davon sind sicher zufällige Launen einer wilden Zwergkaninchenliebe. Doch es gibt auch Rassetiere, die nach einem vorgegebenen Standard gezüchtet wurden, ganz bestimmte Merkmale aufweisen müssen und vielleicht sogar Preise gewonnen haben.
Den Begriff „Zwergkaninchen" gibt es in der Rassezucht eigentlich gar nicht. Es ist ein umgangssprachlicher Begriff für alle kleinwüchsigen Kaninchen.
Zu den anerkannten Zwergrassen zählen: Hermelinkaninchen, Farbenzwerge, Rex- und Fuchszwerge sowie die Widderzwerge.

Hermelinzwerge

Hermelinzwerge waren die erste bekannt gewordene Zwergrasse. Sie zeichnen sich durch ihr schneeweißes, dichtes, weiches Fell aus. Ihre Augenfarbe ist entweder rot oder blau.

Kunterbunte Farbenzwerge

Das Zuchtziel bei den Farbzwergen ist, so viele bunte Kaninchen vom Hermelintyp zu züchten wie möglich.
Anerkannte Farbschläge sind: Schwarz, Grau, Blau, Rot, Havanna-, Feh-, Chinchilla-, Deilenaar-, Lux-, Perl-, Thüringer-, Silber-, Marder-, Siamesen-, Weißgrannen-, Hotot-, Loh-, Russen-, Holländer-, Japan- und Rhönfarbig.

Farbenzwerge gibt es ganz unterschiedliche, z. B. einfarbig oder mit Holländerzeichnung (Foto rechts, rechtes Tier).

Rexzwerge haben ein sehr dichtes und kurzes Fell, das sich ganz weich anfühlt (linkes Tier).

Löwenkopfkaninchen ähneln mit ihrem Haarschopf auf dem Kopf den Teddyzwergen.

Kunterbunt sind die Farbenzwerge, die in der Kaninchenzucht als offizielle Rasse gelten.

Langhaarige Schönheiten

Bei den langhaarigen Fuchszwergen sind die Farben Weiß und havannafarbig bereits im Standard festgelegt, weitere Farben warten auf ihre Anerkennung. Im Gegensatz zu den Angorakaninchen braucht der Langhaarzwerg nur gebürstet, jedoch nicht geschoren zu werden.

Teddyzwerge

Die Teddyzwerge sind zwar noch nicht anerkannt, zählen aber schon jetzt zu den „Liebhaberrassen". Sie zeichnen sich durch besonders lange Haare am Kopf und Nacken aus. Auch Teddys müssen regelmäßig gebürstet werden. Im Sommer empfiehlt es sich generell, langes Fell zu scheren, da ansonsten die Hitzschlaggefahr stark erhöht ist.

Widderzwerge verdanken ihr charmantes Aussehen den herabhängenden Ohren.

Rexzwerge

Dies sind ganz besonders hübsche Vertreter der Zwergkaninchen. Ihr Fell ist sehr kurz (14 bis 17 mm), sehr dicht und die Haare stehen fast senkrecht ab. Dadurch fühlt sich das Fell ganz weich an. Auch Rexzwerge gibt es in den verschiedensten Farben.

Widder

Widderzwerge erkennt man auf Anhieb an ihren Schlappohren, auch Behang genannt. Schon bei der Geburt sind die Ohren länger als bei anderen Kaninchenrassen und hängen seitlich am Kopf herunter. Am Ohrenansatz liegen stark ausgeprägte, dicht zusammenliegende Wülste (Kronen), die zusammen mit der Ramsnase den typischen Widderkopf ausmachen. Die Widderzwerge werden in allen Farben wie die Farbzwerge gezüchtet. Achten Sie beim Kauf auf die Zwergkaninchenmerkmale und vergewissern Sie sich, dass es sich nicht um Jungtiere größerer Schläge handelt.

Angorazwerge

Inzwischen gibt es auch schon zwergwüchsige Angorakaninchen. Sie sind flauschig und hübsch, müssen aber regelmäßig geschoren werden, was sehr aufwendig ist und Fachwissen erfordert. Daher sollte dies von einem Tierarzt vorgenommen werden.

Herzenssache Zwergkaninchen

Lieblingstiere Zwergkaninchen gelten als klein, weich und kuschelig, freundlich und sauber, und sie lassen sich auch gut in der Wohnung halten. Die Zwerge können tolle Freunde sein, gerade für Kinder. Sie hören geduldig zu, verraten keine Geheimnisse und die meisten freuen sich über gemeinsames Spielen und Kuscheln. Doch bei aller Begeisterung gilt es ein paar Dinge zu bedenken und zu planen, damit sich die Zwerge rundum wohl bei Ihnen fühlen.

Streicheleinheiten Hochgenommen werden und schmusen mögen viele, aber nicht alle Zwergkaninchen gerne.

Kaninchen halten erlaubt?

Im Gegensatz zu Hund oder Katze brauchen Sie keine gesonderte Erlaubnis von Ihrem Vermieter einzuholen. Kaninchen gehören zum „vertragsgemäßen Gebrauch" der Wohnung, solange es nur wenige sind und die Mitbewohner nicht belästigt werden. Wurden im Mietvertrag allerdings bestimmte Klauseln bezüglich der Haustierhaltung festgelegt, so sind diese zu berücksichtigen. Klären Sie mit Ihrem Vermieter ab, ob Sie auch einen vorhandenen Garten zum Freilauf für Ihre Kaninchen nutzen dürfen.

Kinder- oder Elterntraum?

Viele Kinder wünschen sich sehnlichst Kaninchen, doch oft verlieren sie das Interesse und die Versorgung der Zwerge bleibt den Eltern überlassen. Die Begeisterung für die neuen Hausgenossen sollte deshalb von der ganzen Familie getragen werden. Eltern sollten sich vorher im Klaren sein, dass sie in diesem Fall die Pflege der Tiere übernehmen müssen.

Artgenossen sind für Kaninchen die wichtigsten Sozialpartner. Menschen sind dafür nur ein schlechter Ersatz.

Einstiegsalter für Kaninchenhalter

Junge Kaninchenhalter sollten ungefähr zehn Jahre alt sein. Mit Ihrer Hilfe und Anleitung können sie sich dann um die Zwerge kümmern. Zeigen Sie ihnen, wie man die Tiere versorgt, was sie mögen und was nicht, damit die Zwerge keine Angst bekommen und Zutrauen fassen können.

Mindestens zwei Tiere halten

Kaninchen sind sehr soziale Tiere und leben nicht gerne alleine. Sie brauchen deshalb mindestens zwei Tiere. Geben Sie ihnen die Möglichkeit, sich auf Kaninchenart mit Artgenossen auszutauschen, gemeinsam zu buddeln, zu spielen und um die Wette zu flitzen oder sich aneinander zu kuscheln. Welche Kaninchen am besten miteinander auskommen, erfahren Sie auf Seite 16, wie man Zwergkaninchen miteinander bekannt macht, auf Seite 18.

Check

Passen Zwergkaninchen zu mir?

❑ Habe ich genügend Zeit und bin ich bereit, Tag für Tag für die Kaninchen zu sorgen, und das ihr Leben lang? Kaninchen können 8 bis 10 Jahre alt werden.

❑ Habe ich genügend Platz in der Wohnung für ein großes Gehege und Platz auf dem Balkon oder eine kleine Wiese im Garten, um ihnen frische Luft und Freilauf zu gewähren?

❑ Bin ich bereit, für alle Kosten aufzukommen, nicht nur für das Zubehör, das Futter und die Streu, sondern auch für die anfallenden Tierarztbesuche?

❑ Sind alle Familienmitglieder einverstanden und reagiert keins allergisch auf die Tierhaare, Heu oder Stroh?

❑ Ich habe nichts dagegen, wenn ein wenig Schmutz durch die Kaninchen entsteht.

❑ Habe ich Freunde oder Bekannte, die sich während meines Urlaubs oder wenn ich einmal krank bin gerne um die Zwerge kümmern?

Haben Sie alle Fragen mit „Ja" beantwortet, steht der Anschaffung nichts mehr im Weg.

Gesunde Zwergkaninchen finden

Clever aussuchen Der eine verliebt sich auf den ersten Blick in den bunt gescheckten Zwerg. Der andere hätte doch lieber ein einfarbiges mit Schlappohren. Egal, wie Ihre Zwergkaninchen aussehen sollen, das Wichtigste ist: Gesund müssen sie sein!

Wo gibt es Zwergkaninchen?

Zum einen bietet fast jede Zoofachhandlung Kaninchen unterschiedlicher Farben und Fellarten an. Zum anderen bekommen Sie beim Züchter Zwergkaninchen – hier sind es oft sogar Rassetiere, die abgegeben werden.

Und auch in Tierheimen und bei Tierschutzorganisationen warten Tiere auf ein neues, liebevolles Zuhause. Sie sind geimpft, die Rammler bereits kastriert, um unerwünschtem Nachwuchs vorzubeugen, und meist ist der Charakter der Tiere bekannt.

Nach Geschlechtern getrennt

Achten Sie beim Kauf darauf, dass die Tiere nach Geschlechtern getrennt gehalten werden. Sonst ist die Wahrscheinlichkeit hoch, dass Sie eine trächtige Häsin mit nach Hause nehmen. Wie Sie die Geschlechter unterscheiden, sehen Sie oben rechts.

Gesunde Zwergkaninchen können Sie mithilfe der Checkliste auf der rechten Seite sicher erkennen.

Nehmen Sie das Kaninchen mit der Bauchseite nach oben. Beim Rammler erkennen Sie mit etwas Mühe ein rundes Röhrchen, bei der Häsin ist diese Röhre zum After hin offen und bildet ein „U". Anfangs ist es nicht ganz leicht, besonders wenn die Tiere jung und noch nicht geschlechtsreif sind. Wenn Sie sich nicht sicher sind, fragen Sie einen kaninchenkundigen Bekannten oder Ihren Tierarzt.

Nicht zu jung

Die jungen Zwergkaninchen sollten mindestens zehn Wochen alt sein, bevor sie in ihr neues Zuhause übersiedeln. Ab diesem Alter sind sie futterfest – das heißt, sie können alles fressen und vertragen es auch – und sie konnten auch ihr Sozialverhalten entwickeln. Jüngere Tiere sollten Sie nicht zu sich nehmen, da die Gefahr, dass sie erkranken, viel größer ist.

Gesundheits-Check

Bevor Sie die Zwerge mit nach Hause nehmen, sollten Sie sie gründlich unter die Lupe nehmen. Achten Sie auf die folgenden Punkte:
— Die Zwerge werden sauber, großzügig und nach Geschlechtern getrennt gehalten. Ihnen stehen Versteckmöglichkeiten, Heu und Wasser zur Verfügung.
— Sie haben einen kompakten, walzenförmigen Körper und sind weder zu dick noch zu dünn.
— Sie sind mindestens zehn Wochen alt.
— Sie haben klare, lebhaft glänzende Augen, die weder tränen noch entzündet sind. Die Lidränder sind weder verkrustet, verklebt noch geschwollen.
— Die Nase ist trocken. Auch Ohren und Lippen sind trocken und sauber.

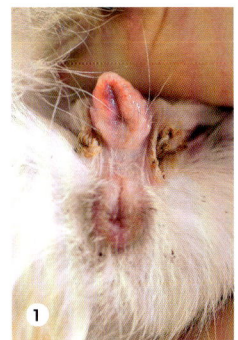 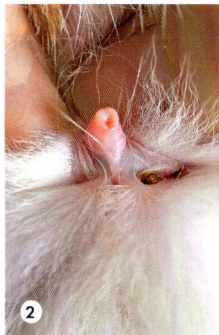

— Das Gebiss weist keine Anomalien auf. Die Schneidezähne stehen gerade aufeinander und sind horizontal gleichmäßig abgenutzt.
— Das Fell ist dicht und glänzend und frei von Parasiten. Auch die Haut darunter weist keine Pusteln auf und das Kaninchen hat keinen Juckreiz.
— Die Zwerge sind weder aufgebläht noch haben sie einen harten Bauch.
— Der Po ist sauber und ohne Verklebungen. Sie dürfen keinen Durchfall haben.
— Die Zwerge riechen nach frischem Heu und sauberer Einstreu.
— Die Sohlen sind sauber und nicht verkrustet.
— Die Zwerge sind wach, lebhaft und neugierig und haben einen ausgeprägten Appetit.
— Das Schwänzchen zeigt gerade nach oben.
— Sie bewegen sich flink, locker, ohne zu hinken oder zu lahmen.

Umzug ins neue Zuhause

Für den Nachhauseweg kommen die Zwergkaninchen in eine spezielle Transportbox. In ihr ist es dunkel, damit die Tiere den Heimweg ohne Panik überstehen. Fahren Sie ohne Umwege nach Hause und achten Sie darauf, dass es weder zu heiß noch zu kalt ist oder die Tiere Zugluft abbekommen.

Im Doppelpack oder in einer kleinen Gruppe leben Zwergkaninchen am liebsten und unternehmen alles gemeinsam.

Die optimale Zwergkaninchen-WG

Wer mit wem? Kaninchen sind sehr soziale Rudeltiere und fühlen sich nur unter Artgenossen wohl. Es müssen immer mindestens zwei Tiere sein! Die Haltung eines einzelnen Tieres ist nicht artgerecht. Auch bei liebevollster Pflege kann der Mensch nie einen Artgenossen ersetzen. Doch wer passt zu wem und wie werden die Tiere ein gutes Team?

Häsin und kastrierter Rammler

Die erfolgreichste Kombination in der Kaninchenhaltung ist eine Häsin und ein kastrierter Rammler. Kastrierte Männchen sind sehr friedlich, oftmals auch friedlicher als unkastrierte Häsinnen. Für Kaninchenneulinge ist ein solches

Duo sehr zu empfehlen. In Tierschutzorganisationen oder im Tierheim findet man oftmals schon Pärchen, die einige Zeit zusammenleben und sich hervorragend verstehen, sodass man einem „fertigen" Pärchen ein neues Zuhause geben kann.

Häsin und Häsin

Zwei Häsinnen können sich vertragen, es kann aber nach Eintritt der Geschlechtsreife auch zu Rangstreitigkeiten kommen. Wenn ein kastrierter Rammler in ihrer Mitte lebt, funktioniert es schon wieder besser.

Rammler und Rammler

Entgegen verbreiteter Vorurteile können sich auch zwei oder mehrere Rammler recht gut vertragen. Allerdings müssen alle vor dem Eintreten der Geschlechtsreife (mit ca. 12 Wochen) kastriert werden.

Häsinnen vertragen sich am besten mit einem kastrierten Rammler – das wäre die optimale Kaninchen-WG.

KANINCHEN UND MEER-SCHWEINCHEN

Lange wurde empfohlen, ein Meerschweinchen und ein Zwergkaninchen zusammen zu halten. Davon raten wir heute ab, da die Tiere unterschiedliche Bedürfnisse haben und sich in Körpersprache und Sozialverhalten unterscheiden. Oft wird das Meerschweinchen vom Kaninchen bedrängt und zieht den Kürzeren.

Gemeinsam glücklich Kaninchen sind sehr soziale Tiere und fühlen sich nur unter Artgenossen wohl.

Vergesellschaftung
Zwei, die sich verstehen

Richtig kennenlernen Wenn Sie bisher nur ein Zwergkaninchen gehalten haben und ihm einen Partner hinzugesellen wollen, müssen Sie wohlüberlegt und schrittweise vorgehen. Setzen Sie den Neuling auf gar keinen Fall einfach in das Gehege zum „alten" Kaninchen, denn dann fliegen die Fetzen und es gibt „Mord und Totschlag". Das bedeutet nicht, dass Ihr Kaninchen keine Gesellschaft mag, doch unter Kaninchen gilt das Eindringen eines fremden Tieres in das Territorium als große Unverschämtheit, die man sich nicht gefallen lassen kann.

Vergesellschaftung geglückt Diese beiden Widder-Zwerge haben Freundschaft geschlossen.

Umzug ins Gehege Ist auf neutralem Boden Ruhe eingekehrt, können die Kaninchen in das Gehege umziehen.

So macht man es richtig

1. Für die Vergesellschaftung benötigen Sie ein Areal in einem neutralen Raum, in dem sich noch keines der Zwergkaninchen aufgehalten hat. Das kann auch im Bad oder im Flur sein. Legen Sie eine neue oder frisch gewaschene Unterlage aus und begrenzen Sie das Areal mit Auslaufgittern.
2. Richten Sie in dem Gehegebereich mehrere Futterstellen ein, strukturieren ihn mit Weidebrücken, die umrundet werden können, und stellen Sie einen Wassernapf hinein.
3. Jetzt werden beide Tiere gleichzeitig in den Raum gesetzt. Sicherlich erkunden sie erst die neue Umgebung. Ist das geschehen, wird die Rangordnung festgelegt. Dabei ist gegenseitiges Rammeln, Jagen und Fellausrupfen ganz normal und sieht für den Menschen schlimmer aus, als es ist.
Nur wenn sich die beiden ineinander verbeißen, müssen Sie einschreiten und die Tiere trennen; dabei sollten Sie darauf achten, nicht selbst gebissen zu werden.

Sobald die Kaninchen gemeinsam fressen oder sogar miteinander kuscheln, ist die Vergesellschaftung geglückt. Nun können Sie die beiden nach ein paar Tagen in ein gemeinsames Gehege setzen, das zuvor vollständig gereinigt und neu eingerichtet wurde.

Geeignete Partnertiere

Wenn ein Zwergkaninchen übrig bleibt, können Sie sich am besten an Tierschutzorganisationen wenden. Hier wird man Sie beraten und ein möglicherweise passendes Tier vermitteln können. Falls Sie aus der Zwergkaninchenhaltung aussteigen wollen, dann ist es fairer, das letzte Tier in liebevolle Hände abzugeben, als es für den Rest seines Lebens alleine zu halten.

 001 **Vergesellschaftung** Im Film wird gezeigt, wie man fremde Kaninchen aneinander gewöhnt.

Das ideale Zwergkaninchenheim

Gut vorbereitet Vor der Anschaffung der Tiere besorgen Sie die komplette Ausstattung und richten alles in Ruhe ein. So können die Tiere gleich einziehen.

Kaninchen brauchen Platz zum Laufen und Toben. Für zwei Tiere sollten es mindestens drei bis vier Quadratmeter auf einer Ebene sein, für eine kleine Gruppe entsprechend mehr.

Das Gehege

Empfehlenswert sind Kaninchengehege, die groß und hoch genug sind, um eine zweite Ebene einzuziehen, die die Tiere über eine kleine Rampe erreichen. So kann man spielend leicht die Grundfläche vergrößern und Platz schaffen für ein weiteres Schlafhäuschen und mehr Bewegungsfreiheit. Gerne haben Kaninchen auch eine richtige „Rennstrecke", auf der sie sprinten und Haken schlagen können. Deswegen ist mehrstündiger täglicher Auslauf sehr wichtig für die Langohren. Da Kaninchen in den meisten Fällen stubenrein werden, ist freie Wohnungshaltung wie bei Katzen ein echtes Paradies für Kaninchen.

Ein Abteil für die Kaninchen

Mit Gitterelementen aus Edelstahl (im Zoofachhandel erhältlich) können Sie einen Teil eines Zimmers für Ihre Zwerge abteilen. Als Bodenbelag eignet sich PVC, auf dem die Tiere nicht ausrutschen und das leicht zu reinigen ist. Darauf können zusätzlich waschbare Flickenteppiche oder Matten aus Naturfasern ausgelegt werden. Die meisten Kaninchen werden schnell stubenrein und suchen die aufgestellten Toilettenschalen (ehemalige Käfigunterschalen oder Katzentoiletten) auf, die anfangs mit benutzter Einstreu „attraktiv" gemacht werden.

Hoch hinaus Zwergkaninchen nutzen gerne erhöhte Stellen im Gehege zum Klettern und als Aussichtswarte.

Schöner wohnen für Kaninchen ein geräumiger, heller Bereich des Zimmers mit unterschiedlichen Bereichen

Gefahrenquellen beseitigen

Beseitigen Sie im Zimmerbereich der Kaninchen alle Gefahrenquellen: Steckdosen abdecken, Stromkabel hochlegen oder in Kabelkanäle einlegen, giftige Zimmerpflanzen entfernen. Damit die Tapeten nicht angeknabbert werden, können Sie die Wände im unteren Bereich mit farbig beschichteten Hartfaserplatten verkleiden, die leicht zu reinigen sind.

Schöner wohnen

Wenn Sie ein wenig handwerkliches Geschick mitbringen, können Sie das Gehege auch selbst bauen. Im Internet finden Sie zahlreiche Bauanleitungen, die von mehrstöckigen Gehegen bis hin zu eigenen Kaninchenzimmern reichen. Lassen Sie sich inspirieren und seien Sie erfinderisch. Oberste Priorität: Der Eigenbau muss ausbruchsicher, frei von Verletzungsgefahren und gut zu reinigen sein.

Die Einstreu

Da Kaninchen sehr reinlich sind, machen sie meistens in die gleiche Ecke. In diese sollte man daher eine Kloschale stellen, die man gut reinigen kann. Die Einstreu sollte sehr saugfähig und geruchsbindend sein und oft gewechselt werden. Verwenden Sie nur reine Naturprodukte ohne chemische Zusätze, die kompostierbar sind, etwa die im Zoofachhandel angebotenen groben Holzspäne, Hanfstreu oder Holzpellets; letztere werden mit einer dünnen Schicht Heu oder Stroh bedeckt. Auf keinen Fall darf die Streu stauben (Schleimhautreizungen!) oder kleben (der Blinddarmkot könnte dann nicht aufgenommen werden und die Streu würde im Fell hängen bleiben.)

 **Kaninchenzimmer einrichten** Im Film wird gezeigt, wie ein ideales Innengehege aussehen kann.

Von Häuschen, Napf und Co.

Schlafhäuschen Kaninchen sind Höhlenbewohner und brauchen einen sicheren Unterschlupf. Hierzu stellt man für zwei Zwergkaninchen zwei Schlafhäuschen auf, damit jedes sein eigenes Rückzugsgebiet hat.

Achten Sie darauf, dass die Häuschen für die Tiere groß genug, aus Holz und unten offen sind, damit kein feucht-warmes Klima entsteht.

Zudem sollten die Häuschen idealerweise mit einem Ein- und einem Ausgang ausgestattet sein, damit sich die rangniederen Tiere rechtzeitig verdrücken können, wenn der Ranghöhere das Häuschen für sich beansprucht.

Häuschen mit Flachdach sind zu empfehlen, denn Zwergkaninchen sitzen gerne erhöht und beobachten ihre Umgebung.

Natürliche Materialien wirken am schönsten und die Häuschen können gefahrlos benagt werden.

Futternäpfe werden so groß gewählt, dass sich zwei Kaninchen gleichzeitig daraus bedienen können.

Breite Näpfe aus Keramik oder Glas sind standfest, lassen sich leicht reinigen und sehen gut aus.

Futternapf und Heuraufe

Kaufen Sie am besten zwei größere Futternäpfe, damit kein Gerangel darum entsteht. Die Näpfe sollten schwer sein und gut stehen, damit sie nicht umgeworfen werden, und so groß, dass zwei Kaninchen gleichzeitig daraus fressen können. Dafür eignen sich am besten Näpfe aus Ton oder Steingut.

Heu brauchen Kaninchen rund um die Uhr. Sie können es in einer Heuraufe anbieten, damit es nicht verschmutzt. Es gibt Raufen zum Aufstellen oder zum Hängen und welche mit Deckel, damit die Kaninchen nicht hineinhüpfen. Alternativ oder zusätzlich kann man das Heu in einer flachen Schale oder als Haufen anbieten, denn Kaninchen lieben es, mit der Nase im Heu zu wühlen und sich die leckeren Sachen als Erstes herauszusuchen.

DER RICHTIGE STANDORT

Wählen Sie für das Gehege einen Platz, an dem es hell ist, der aber weder der direkten Sonne noch Zugluft ausgesetzt ist. Ungeeignet ist eine Stelle mit ständigem „Durchgangsverkehr", suchen Sie daher eine etwas ruhigere, aber auch nicht die hinterste Ecke – Zwergkaninchen mögen Familienanschluss.

Wassernapf

Zwergkaninchen sollten jederzeit frisches Wasser zur freien Verfügung haben. Ein Wassernapf – er sollte wie der Futternapf standfest und gut zu reinigen sein – ermöglicht eine natürliche Kopfhaltung beim Trinken. Damit er nicht so schnell verschmutzt, können Sie ihn auf einen Ziegelstein oder, wenn vorhanden, auf die zweite Ebene stellen.

Täglich wird der Napf gereinigt und mit frischem Leitungswasser neu befüllt. Am besten lassen Sie am frühen Morgen das Wasser aus der Leitung zunächst etwas ablaufen, ehe Sie den Kaninchennapf füllen, damit keine Rückstände aus alten Rohrleitungen oder Kupferleitungen in den Napf gelangen können.

Weniger ist mehr

Neben der notwendigen Grundausstattung gibt es noch eine Vielzahl an „Kaninchen-Mobiliar", mit dem man das Gehege oder Kaninchenzimmer ausstatten kann: Weidenbrücken, Korkröhren, Unterschlupfe, Rampen, etc. Ihre Zwerge werden es gerne annehmen. Lassen Sie noch genügend Platz zum Hoppeln und Flitzen. Außerdem sollte man darauf achten, dass genügend Fluchtwege frei sind, damit die Rangniederen den Ranghohen aus dem Weg gehen können.

So werden Zwerg-
kaninchen zutraulich

Zeit lassen Das Gehege ist eingerichtet, das Zubehör eingekauft und nun kommt der große Tag, an dem die Zwergkaninchen abgeholt werden. Auch wenn die ganze Familie schon ganz aufgeregt ist, ist Ruhe angesagt, bis die Tiere ihre Scheu verlieren und die neue Umgebung erkunden.

1. In Ruhe lassen

Auch wenn es schwer fällt: Lassen Sie die Kaninchen erst einmal ganz in Ruhe! Stellen Sie den geöffneten Transportbehälter in das fertig eingerichtete Gehege und warten Sie ab. Früher oder später kommen die Kaninchen von selbst heraus.

2. Beobachten

Solange die Zwergkaninchen noch bei jedem Geräusch sofort verschwinden oder sich im Schlafhäuschen verkriechen, beobachten Sie die Tiere in aller Ruhe erst einmal nur aus der Entfernung.

Sie werden sehen: Kaninchen sind neugierige Tiere und fangen bald an, in ihrer Umgebung alles genau zu erkunden. Dabei lernen sie auch die alltäglichen Geräusche in ihrem neuen Zuhause kennen und werden bald nicht mehr beim kleinsten „Mucks" oder beim Auftauchen eines Menschen in ihr Versteck rennen. Dann können Sie zum nächsten Schritt übergehen.

Rückzugsmöglichkeiten und Unterstände brauchen alle Kaninchen, auch wenn sie schon zutraulich geworden sind.

Vorsichtige Annäherung und niemals erschrecken – dann fassen Zwergkaninchen bald Vertrauen.

So verschmust sind nicht alle Kaninchen; manche bleiben zurückhaltend und mögen nicht getragen werden.

3. Kontakt aufnehmen

Haben sich die Kaninchen an die neue Umgebung gewöhnt, wird es Zeit, dass sie auch die Menschen besser kennenlernen. Nähern Sie sich in den nächsten Tagen vorsichtig an, am besten auf Augenhöhe, und sprechen Sie leise mit den Tieren. Warten Sie geduldig ab und bewegen Sie sich nicht abrupt. Je nach Temperament werden die neugierigen, mutigen Kaninchen bald ans Gitter kommen und nachsehen, wer sie besucht. Bei schüchternen Tieren kann es länger dauern; lassen Sie ihnen einfach Zeit.

4. Bestechung willkommen

Liebe geht durch den Magen - das gilt auch für Zwergkaninchen. Sie lassen sich meistens mit einem leckeren Happen bestechen. Halten Sie ihnen ein Stück Gurke oder Apfel hin und warten Sie ruhig und bewegungslos ab, bis sich die Tiere herantrauen. Falls das nicht auf Anhieb klappt, probieren Sie es am nächsten Tag wieder. Über kurz oder lang wird das mutigste oder auch das verfressenste Kaninchen sich den Leckerbissen schnappen und ihn in Sicherheit bringen. Anfangs noch vorsichtig, werden sich bald alle Tiere ohne Scheu aus Ihrer Hand bedienen.

5. Streicheln erlaubt

Kommen die Kaninchen in der Hoffnung auf Apfel oder Gurke, können Sie mehrere kleine Stückchen auf Ihrer Hand verteilen. Während sie die Häppchen fressen, können Sie die Tiere mit einem Finger vorsichtig streicheln. Klappt das, sprechen Sie beruhigend mit ihnen und streicheln sie vorsichtig mit der ganzen Hand.

6. Auf den Arm nehmen

Sobald sich die Kaninchen auch ohne Bestechung gerne streicheln lassen, können Sie versuchen, sie vorsichtig und mit langsamen Bewegungen auf den Arm zu nehmen. Da Kaninchen Fluchttiere sind, mögen sie es jedoch meistens nicht, hochgenommen zu werden. Strampelt das Tier oder reißt panisch die Augen auf, setzen Sie es wieder ab. Akzeptieren Sie es, wenn sich das Tier am Boden sicherer fühlt.

Ob ein Kaninchen zutraulich oder scheu ist, ist Charaktersache. Manche sind neugierig und mögen es, wenn sie am Kopf oder am Körper gestreichelt werden, andere lassen sich nicht gerne anfassen, wieder andere bleiben scheu. Respektieren Sie diese Bedürfnisse. Auch die Zutraulichen sollten in Ruhe gelassen werden, wenn sie gerade schlafen, fressen oder sich putzen.

Tipp: Richtig hochheben

Sprechen Sie leise mit dem Kaninchen und streicheln Sie über seinen Rücken. Dann greifen Sie von der Seite her mit einer Hand unter die Brust und umfassen dabei die Vorderbeine. Heben Sie das Kaninchen leicht an und schieben Sie die andere Hand unter sein Hinterteil. Nun sitzt das Kaninchen sicher wie in einer Schale und Sie können es hochheben. Während Sie es tragen, können Sie das Kaninchen bequem mit dem Unterarm abstützen.

Freilauf in der Wohnung

Bewegung Auch wenn das Gehege noch so groß ist, ist der Platz zum Hoppeln, Flitzen und Sich-Austoben begrenzt. Daher sollten Sie Ihren Zwergkaninchen jeden Tag mehrere Stunden Freilauf gewähren, damit sie ihren Bewegungsdrang ausleben können. Denn auch bei Kaninchen ist Bewegung gesundheitsfördernd und beugt Trägheit und Übergewicht vor. Außerdem benötigen die Zwerge Abwechslung und neue Sinneseindrücke, um geistig fit zu bleiben. Wenn es der Platz erlaubt, bieten sich ein abgetrennter Bereich oder ein Kaninchenzimmer an.

Leckerbissen sind immer gefragt, natürlich auch beim Freilauf in der Wohnung.

Zwergkaninchenecke

Viele Kaninchenhalter sind schon dazu übergegangen, eine Zimmerecke von einigen Quadratmetern rund um ein handelsübliches Kaninchenheim abzugrenzen, in der sich die Kaninchen nach Lust und Laune bewegen können. Die Tür des Kaninchenheims wird dazu ausgebaut, Gitteroberteile wegen Verletzungsgefahr abgedeckt und das Ganze mit Gitterelementen aus dem Zoofachhandel oder Eigenbauten umgeben, die sich zusammenstecken und variieren lassen. Das Heim bleibt den ganzen Tag geöffnet und eine kleine Rampe bietet den Zwergen rund um die Uhr die Möglichkeit, in ihren Auslauf zu gelangen. Der Boden wird mit PVC ausgelegt, damit er gut mit Wasser und Seife gereinigt werden kann.

Halt für die Pfoten

Damit die Kaninchen nicht ins Rutschen kommen, können Sie preiswerte Flickenteppiche aus Baumwolle kaufen. Nehmen Sie gleich ein doppeltes Set, damit Sie sie austauschen können: Eins ist im Auslauf, das andere kommt in die Waschmaschine. Richten Sie den Auslauf mit Häuschen, einer Kaninchentoilette, Wasser und Heu ein. Zusätzlich können Sie noch Röhren zum Durchschlüpfen oder eine mit Sand gefüllte Buddelkiste anbieten.

Zimmerpflanzen müssen ungiftig sein oder werden besser aus dem Freilaufareal entfernt.

Toilettenschalen werden von vielen Kaninchen benutzt, das erleichtert die Reinigung des Freilaufs.

Geteilte Fläche

Wenn Ihre Wohnung zu klein ist, um eine dauerhafte Freilaufecke einzurichten, können Sie den zur Verfügung stehenden Platz mit Ihren Kaninchen teilen und zu freier Wohnungshaltung übergehen. Bevor Sie Ihre Zwerge auf Entdeckungstour gehen lassen, sollten Sie alles wegräumen, was in Zahnnähe ist, denn Kaninchen testen alles, indem sie es beknabbern. Wenn Ihnen Ihre Stuhlbeine lieb sind, Sie Ihre Tapete retten wollen und Ihre Kaninchen lange leben sollen – denn sie machen auch vor Stromkabeln und giftigen Zimmerpflanzen nicht halt –, sollten Sie alles weg- und hochstellen. Die Kabel können in Kabelschächte verlegt, die Stuhlbeine umklebt werden. Achten Sie darauf, dass es keine Sackgassen gibt, z. B. hinter dem Sofa oder unter dem Schrank. Halten Sie Schränke und Türen geschlossen, damit die Zwerge nicht eingeklemmt werden. Einen Unterschlupf, den Futterplatz und eine Kloschale stellen sie in eine Ecke des Zimmers. Die meisten Kaninchen sind so reinlich, dass sie ihre Kloschale aufsuchen, allerdings gibt es keine Garantie.

003 **Giftige Zimmerpflanzen** Eine Liste mit für Kaninchen gefährlichen Zimmerpflanzen finden Sie hier.

Stubenreinheit bei Zwergkaninchen

Sie können ein Kaninchenklo aufstellen, das mit Einstreu sowie etwas verschmutzter Streu gefüllt wird. Wenn Sie beobachten, dass einer der Zwerge muss – er verharrt ruhig, versteift sich und hebt das Hinterteil –, setzen Sie ihn schnell in die Toilette. Bei Erfolg wird er gelobt und belohnt. So verknüpft das Kaninchen die Toilette mit etwas Positivem und wird immer häufiger sein Geschäft dort erledigen. Ganz ohne Pfützen und Kügelchen wird es sicher nicht abgehen. Schimpfen Sie auf keinen Fall mit Ihren Zwergen, das verschreckt sie nur. Die Kügelchen lassen sich leicht aufkehren oder wegsaugen. Urinpfützen tupft man auf und reibt mit Wasser oder Seifenlauge nach. Falls Ihre Kaninchen eine andere Zimmerecke als Klo aussuchen, kann man die Toilette auch dort aufstellen.

Check

Sicherheit beim Freilauf

❏ Elektrokabel können nicht erreicht werden.
❏ Schranktüren und Schubläden sind geschlossen und enge Spalten und Ritzen versperrt.
❏ Giftige Substanzen sowie giftige Zimmerpflanzen sind für neugierige Nager unerreichbar.
❏ Türen sind geschlossen und werden vorsichtig geöffnet.

Zwergkaninchen draußen halten

Nicht nur Stallkaninchen können das ganze Jahr draußen leben, sondern auch Ihre Zwerge. Voraussetzung ist, dass sie in der warmen Jahreszeit ihr Domizil im Garten beziehen und sich im Herbst langsam an die sinkenden Temperaturen gewöhnen können. Langhaarige Rassen und Rex-Kaninchen sollten im Winter allerdings nicht draußen bleiben, da sie weniger Unterwolle haben und sich leicht erkälten können.

Größe und Standort des Außengeheges

Ein Außengehege wird großzügig geplant, da die Kaninchen sich immer bzw. die meiste Zeit darin aufhalten und genügend Platz zum Laufen und Springen brauchen. Bei kleineren Gruppen rechnet man 3 m² pro Tier, bei größeren Gruppen zusätzliche 2 m² pro weiterem Tier.

Paradies Frische Luft, leckeres Gras und Zweige zum Knabbern – draußen ist das Zwergkaninchen-Paradies.

Freigehege mit sicherer Umzäunung, teilweiser Überdachung, Häuschen und vielfältiger Inneneinrichtung.

Unterstände bieten auch im Freigehege Deckung, Versteck und im Sommer einen schattigen Platz.

Die Anlage soll zumindest teilweise schattige Bereiche aufweisen, sodass die Kaninchen nicht der prallen Sonne ausgesetzt sind. Schutz vor Wind und Wetter bieten eine (teilweise) Überdachung bzw. geschlossene Wände auf ein oder zwei Seiten.

Gehegebau

Konstruieren Sie die Anlage so, dass Ihre Kaninchen nicht daraus entweichen können, aber auch kein Raubzeug wie Marder, Füchse, Katzen, Greifvögel Zugriff auf die Tiere hat: Dazu brauchen Sie rundum lückenlose Seitenwände bzw. Gitter aus Volierendraht und ein festes Dach bzw. auch oben Volierendraht. Da Kaninchen sich unter dem Gitter durchgraben können, treffen Sie auch hier Vorsorge: Der Boden wird mit schweren Platten gepflastert, an die lückenlos die Seitenwände anschließen. Damit die Kaninchen trotzdem etwas zum Buddeln haben, bietet man Ihnen eine große, flache Wanne mit Sand an.

004 **Außenhaltung** In diesem Film wird gezeigt, wie man Kaninchen draußen halten kann.

Alternativ kann man den gewachsenen Erdboden 30–50 cm tief ausheben, eine Betonplatte als Fundament gießen und die Seitenwände aus Volierendraht darin lückenlos verankern. Anschließend wird die Erde wieder eingefüllt. Anregungen und Baupläne finden Sie im Internet, z. B. unter www.kaninchenschutz.de

Einrichtung

Für das Außengehege wählen bzw. bauen Sie geräumige, gut isolierte und wettergeschützte Schlafhäuschen. Futter- und Wassernäpfe, Heuraufen und Toilettenschalen vervollständigen die Einrichtung. Röhren, Rampen, Podeste usw. gliedern das Gehege und bieten Anreize zum Erkunden und Bewegen.

Pflege

Auch wenn mehr Platz da ist, braucht doch auch das Außengehege eine regelmäßige Reinigung. Die Näpfe und Toilettenschalen werden täglich gesäubert, die Pinkelecken bei Bedarf alle paar Tage, die Schlafhäuschen wöchentlich. Kontrollieren Sie regelmäßig, etwa bei der täglichen Fütterung, ob es allen Tieren gut geht, besonders im Winter.

... hier geht's weiter:

Unter Aufsicht Kaninchen buddeln gerne. Beaufsichtigen Sie sie deshalb immer gut.

Auslauf im Garten

Wer keinen Platz für ein dauerhaftes Freigehege im Garten hat, kann seinen Zwergen stundenweisen Freilauf in einem mobilen Gehege bieten. Mit Gitterelementen, die zusammengesteckt und beliebig erweitert werden können, kann man eine Gartenecke abstecken. Das hat den Vorteil, dass Sie sie versetzen können, dorthin wo das Grünzeug frisch ist.

Dieser Auslauf wird mit Unterschlupfen, Heu und frischem Wasser versehen und anschließend mit einem Netz überspannt. Dieses verhindert allerdings nicht zuverlässig das Eindringen von Fressfeinden oder ein Ausbrechen der Kaninchen. Daher sollten Sie Ihre Tiere unbedingt beaufsichtigen, denn Kaninchen sind Weltmeister im Buddeln. Lassen Sie sie im Garten niemals ohne Gatter laufen!

Bevor Sie Ihre Zwergkaninchen in den Garten lassen, achten Sie darauf, dass der Boden trocken ist, die Temperaturen konstant mindestens 10 °C betragen und die Tiere schon an frisches Grünfutter gewöhnt sind.

Leben auf dem Balkon

Ein Balkon bietet Ihren Kaninchen frische Luft, Sonne und meist auch eine Menge Platz, wenn ihnen die gesamte Balkonfläche zur Verfügung steht. Meist sind einige Vorkehrungen nötig, um den Balkon behaglich einzurichten, ihn ausbruchssicher zu machen und vor dem Zugriff von Katzen, Mardern und Greifvögeln zu sichern. Da bietet es sich an, ihn gleich als dauerhaften Aufenthaltsort für die Zwergkaninchen herzurichten.

Wetterschutz

Kaninchen brauchen auf dem Balkon einen Schutz vor praller Sonne, was man mit Markisen, Sonnenschirmen, Sonnensegeln oder (mobilen) Stellwänden bewerkstelligen kann. Eine mit Markisenstoff oder Bambusmatten verkleidete Balkonbrüstung schützt vor Zugluft, eine Überdachung vor Regen und ein solides, geräumiges Häuschen mit Stroh vor der winterlichen Kälte.

Sicherheit

Mit mehr oder weniger Aufwand können Sie den Balkon kaninchensicher machen: Alle Schlupflöcher an Brüstung oder Gitter werden verschlossen – mit Brettern oder engmaschigem Volierendraht. Zum Schutz vor Katzen, Raubvögeln und Mardern, die durchaus auch auf dem Balkon zuschlagen können, sichern Sie den Balkon auch nach oben mit Volierendraht.

Behaglichkeit

Balkone haben oft rutschige und kalte Böden aus Beton oder Fliesen. Sie werden mit Reisstrohmatten (diese werden jedoch schnell zernagt) oder waschbaren Baumwollteppichen ausgelegt, damit die Kaninchen gut darauf laufen können. Wenn der Boden aus Gitterrost oder Holzdielen mit Abständen besteht, brauchen Sie eine Abdeckung, etwa aus PVC oder Linoleum.

Ausstattung

Zum Schluss wird der Balkon für die Kaninchen „wohnlich" eingerichtet: Schlafhäuschen, Heuraufe, Futternäpfe, Wassernapf und Nagertoilette gehören dazu, und natürlich verschiedene Gegenstände zum Klettern, Durchkriechen und Erkunden. Flache Rampen, die zum Beispiel auf das Schlafhäuschen führen, vergrößern den Aktionsradius der Tiere.

Zusätzlicher Freilauf

In der warmen Jahreszeit können Sie den Kaninchen auch Freilauf in der Wohnung ermöglichen, wenn die Temperaturunterschiede zwischen drinnen und draußen nicht zu groß sind.
Im Herbst und im Winter sollten die Kaninchen dann draußen bleiben, um sich der Witterung anzupassen und genügend Winterfell zu bilden. Ein Wechsel zwischen Warm und Kalt könnte in dieser Zeit leicht zu einer Erkältung führen.

Balkonausstattung Häuschen, Röhren, Rampen ...

... und Kartons machen den Balkon wohnlich.

Kaninchen füttern und pflegen

Mein Pflegeplan

S. 38

Wasser und Heu

Heu gibt es immer und sollte den Tieren den ganzen Tag über zur freien Verfügung stehen. Bei optimaler Ernährung dient es den Kaninchen als Knabbermaterial. Es fördert den Zahnabrieb und ist gut für die Verdauung. Außerdem kann man sich darin verstecken. Dazu gibt es immer frisches Wasser.

S. 40

Kaninchenfutter

Frisches Grünzeug ist das Hauptnahrungsmittel, das Kaninchen rund ums Jahr benötigen. Füttern Sie täglich Wiese, Kräuter und blättriges Gemüse, dazu gibt es frische Zweige zum Knabbern, etwas Obst und Heu zur freien Verfügung.

Auf den Fotos sehen Sie teilweise große Mengen Gemüse bzw. Obst, z. B. auf Seite 41 und 42. Diese Mengen sind jeweils für eine größere Gruppe gedacht. Für zwei Tiere ist es zu viel.

Gurke wirkt leicht abführend, füttern Sie sie deshalb nur in Maßen.

S. 48

Checkliste

Gesundheitscheck für jeden Tag

- ❏ Fell dicht, glatt und glänzend
- ❏ Augen glänzend und sauber
- ❏ Die Kaninchen sind neugierig und munter bei gutem Appetit
- ❏ Schneidezähne stehen gerade aufeinander
- ❏ Die Ohren sind sauber
- ❏ Pfoten unverletzt, Krallen kurz
- ❏ Gute Verdauung, sauberer Po

005 **Kaninchen-TüV** Dieser Film hilft Ihnen, die richtigen Pflegehandgriffe durchzuführen.

S. 46

Ein paar Handgriffe

Täglich Futterreste nach einem halben Tag entfernen. Wasser- und Futternapf mit heißem Wasser gründlich reinigen und neu befüllen. Zweimal täglich füttern, erst Heu, dann Saftfutter. Kaninchen einige Stunden Freilauf gewähren.

Wöchentlich Gehege reinigen: Dazu wird die Streu entfernt, der Boden mit heißem Wasser geschrubbt und frisch eingestreut. Häuschen und Zubehör werden kontrolliert, gereinigt und im Zweifel ausgetauscht. Es gibt frische Zweige zum Nagen.

S. 50

Doch mal krank?

Kaninchen frisst nicht? Ist schlapp und lustlos? Böckchen soll kastriert werden? Dann sollte man zum Tierarzt gehen, am besten zu einem, der sich auf Kleintiere spezialisiert hat.

Zwergkaninchen gesund ernähren

Viel Abwechslung Wildkaninchen bedienen sich an einem reich gedeckten Tisch: Sie mümmeln jede Form von frischem Grün, aber auch Raues wie vertrocknete Gräser oder Blätter, Knospen, Rinden und Zweige, Wurzeln und Samen. Instinktiv bedienen sich die Kaninchen auch aus der „Naturapotheke" und fressen Kräuter, die die natürlichen Abwehrkräfte des Körpers stärken. Diese Vorlieben haben auch unsere Zwergkaninchen.

Für Nachschub sorgen

Um gesund zu bleiben, müssen Zwergkaninchen ständig fressen. Über den Tag hinweg nehmen sie bis zu 80 Mahlzeiten zu sich. Warum? Sie besitzen einen sogenannten Stopfdarm, in dem der Nahrungsbrei nicht wie beim Menschen durch Darmbewegungen vorwärts transportiert wird. Ihr Verdauungssystem braucht einen steten Futternachschub, damit der Darminhalt weitergeschoben wird. Deshalb sollte Zwergkaninchen immer frisches Grün, Heu und Wasser zur Verfügung stehen.

Fütterung Im Film wird gezeigt, wie Sie Ihre Kaninchen gesund ernähren.

FÜTTERUNGSEMPFEHLUNG

Aus diesen Komponenten können Sie ein abwechslungsreiches Menü zusammenstellen. Am Morgen werden frisches Heu und frisches Wasser nachgefüllt und alte Futterreste entfernt.

Hauptnahrung ist Frischfutter, also Wiese, Gemüse, Salat, Kohl, Küchenkräuter und Obst:
- Reichen Sie eine große Handvoll Gräser mit Kräutern und ein dickes Sträußchen aus z. B. Löwenzahn, Kamille, Schafgarbe, Huflattich, Karottengrün.
- Gemüse: Karotten oder Fenchel, ein paar Brokkoliröschen, Paprikastreifen, ein Stück Gurke oder Sellerie und ein paar Blätter Kohl.
- Obst: ein kleines Stück Apfel oder Birne; eine Traube oder eine Erdbeere pro Tier.

Die Menge richtet sich nach Größe, Gewicht und Aktivität der Tiere. Faustregel ist, dass immer Futter übrig bleiben sollte, damit die Tiere rund um die Uhr fressen können. Bei Wiesenfütterung müssen Sie nur wenig Futter einkaufen. Sollten Sie auf keine Wiese zurückgreifen können, füttern Sie langsam blättriges Frischfutter an. Bevorraten Sie je nach Saison Salat, Kräuter, Gemüse und Kohl. Als Beispiel und Anfangsration für zwei Kaninchen benötigen Sie einen Salat, zwei Möhren, ein großes Bund Kräuter, Kohlrabiblätter und Möhrengrün, Wirsingblätter usw., wobei unbekannte Sorten in kleinen Mengen angefüttert werden sollten.

Wenn die Kaninchen zu hungrig werden, fressen sie hastig, zu viel auf einmal und nicht stetig, wie es der Darm verlangt. Die Folge: Der Darminhalt bewegt sich kaum weiter, er gärt, fault, entwickelt Gase, und es kommt zu schweren und mitunter tödlichen Verdauungsstörungen. Aus diesem Grund ist das häufige Fressen so wichtig.

Doppelte Verdauung

Kaninchen fressen ihren eigenen Kot, und zwar den weichen „Blinddarmkot" (Vitaminkot). Er entsteht durch bakterielle Gärungsvorgänge im Blinddarm. Nur dadurch sind die Kaninchen in der Lage, der eher schwer verdaulichen pflanzli-chen Kost genügend Nährstoffe zu entziehen. Bei der zweiten Darmpassage wird der bereits aufgeschlossene Nahrungsbrei optimal ausge-nutzt und kann verwertet werden.

Fressen ist auch Zahnpflege

Kaninchen haben Zähne, die ihr Leben lang nachwachsen und sich immer abnutzen müssen. Je länger Kaninchen mit dem Abbeißen, Kauen und Zermahlen der Nahrung beschäftigt sind, umso besser. Dabei kommt es nicht so sehr auf die Härte des Gefressenen an, sondern haupt-sächlich auf das häufige Aneinanderreiben der Zähne. Auch deshalb ist Heu so wertvoll.

Basilikum und andere Kräuter haben fast alle Zwergkaninchen buchstäblich zum Fressen gerne.

Duftendes Heu und frisches Wasser

Grünes – frisch und getrocknet Frisches Grünzeug ist das wichtigste Nahrungsmittel für Ihre Zwergkaninchen (siehe S. 40). Daneben sollte auch immer Heu zur freien Verfügung stehen. Es enthält viele Ballaststoffe (Rohfasern), Mineralien und Spurenelemente, beim Kauen nutzen sich die Zähne ab und es darf in unbegrenzter Menge gefressen werden. Heu sollte daher immer vorhanden sein. Füllen Sie es in die Raufe oder verteilen Sie es lose im Gehege.

Heu zum Fressen und Kuscheln

Die Qualität des Heus richtet sich danach, wie viele Arten von Wiesenkräutern enthalten sind, auf welchem Boden diese wuchsen, wann es geschnitten, wie es getrocknet und verpackt wurde. Gutes Heu enthält sichtbare Kräuter, viele Gräser mit Blättern, Blüten und Fruchtständen. Die Stängel sind 20 bis 35 cm lang. Es ist grün,

Duftendes Heu ist ein Grundnahrungsmittel für Kaninchen und soll immer zur Verfügung stehen.

Leckerbissen zum „Erobern" sind viel interessanter, als wenn sie nur einfach im Napf liegen.

Zweige bieten gesunden Knabberspaß und helfen dabei, die Nagezähne abzunutzen.

duftet aromatisch nach Kräutern und stammt von biozidfreien Wiesen. Es ist trocken, locker, staub- und schimmelfrei. Minderwertiges Heu hingegen ist grau, muffig, klebt evtl. zusammen. Es schmeckt nicht und kann sogar zu schweren Verdauungsstörungen führen.

Lagern Sie das Heu luftig in Beuteln aus Stoff oder Papier. Heu erhalten Sie im Zoofachhandel in unterschiedlichen Verpackungsgrößen und Ernten, wie zum Beispiel Bergwiesenheu. Aber auch im Internet gibt es einige Bezugsquellen, die sich auf Nagernahrung inklusive Heu spezialisiert haben. Ebensogut können Sie beim Bauern in der Nähe einen Ballen gutes Pferdeheu kaufen, das meist günstiger ist.

Bei Wiesenfütterung wird Heu oftmals verschmäht, da die Tiere ihren Nährstoffbedarf komplett aus der Wiese decken.

Sollten Sie Stroh als Einstreu verwenden, so werden Ihre Zwergkaninchen auch davon fressen, deshalb sollte es die gleiche gute Qualität wie Heu haben. Da es weniger Nährstoffe als Heu enthält, dient es aber nicht als Heuersatz.

007 **Futterbaum bauen** Wie Sie einen Futterbaum für Ihre Kaninchen bauen können, erfahren Sie hier.

Wasser

Auch wenn Ihre Zwerge viel saftiges Futter bekommen, brauchen sie frisches Wasser. Reinigen Sie ein- bis zweimal am Tag den Wassernapf und füllen Sie das Gefäß mit frischem Leitungswasser. Kaninchen mögen und brauchen nur Wasser. Milch, Saft oder destilliertes Wasser ist nichts für sie und schadet der Gesundheit.

Frische Zweige

Frische Zweige gehören ebenfalls auf den Speiseplan und sind äußerst beliebt; sie bieten sinnvolle Beschäftigung und wertvolle Inhaltsstoffe! Denn Ihre Zwerge werden Blätter oder Knospen abnagen, die Rinde schälen und das Holz zerschreddern. Dabei nutzen sie ihre Zähne ab und nehmen Ballast- und Gerbstoffe sowie pflanzliche Öle auf. Gut geeignet ist Schnittgut von Obstbäumen (Apfel und Birne), wenn es nicht gespritzt wurde, Haselnuss und in kleinen Mengen Buche und Weide.

Tipp: Fressen als Beschäftigung

Das Fressen stillt auch das Beschäftigungsbedürfnis der Zwergkaninchen. Damit sie dadurch nicht zu dick werden, muss es das richtige Futter sein: viel frisches Grünzeug, Heu, Gemüse und ein wenig Obst.

Vitaminreiches Grünzeug

Gräser und Kräuter Gras und Kräuter enthalten viele Vitamine und Mineralstoffe und wirken gesundheitsfördernd. Ungewohnte Mengen oder Pflanzen sollten immer langsam angefüttert werden, um Verdauungsprobleme zu vermeiden. Wer die Ernährung auf frische Grünpflanzen umstellen möchte, kann zum Beispiel mit einer Handvoll Gräser und Kräuter ("Wiese") pro Tier und Tag beginnen und die Menge alle paar Tage verdoppeln. Im späteren Verlauf sollte das frische Grün dann nach Möglichkeit zur freien Verfügung angeboten werden. Aufgrund der verschiedenen Wirkstoffe empfiehlt es sich, Kräuter und Blätter nicht einseitig in großen Mengen anzubieten, sondern stets in einem abwechslungsreichen Gemisch.

Gräser und Kräuter sind das ideale Futter für Kaninchen – frisch, abwechslungsreich und gesund.

Wildkräuter selbst sammeln

Geeignete Gräser und Kräuter wachsen nahezu überall. Am besten pflücken Sie sie von unbewirtschafteten Wiesen, die sich durch einen artenreichen Bestand auszeichnen, auf Grünflächen und in Gärten, die nicht mit Pflanzenschutzmitteln behandelt wurden.
Pflanzen an Böschungen viel befahrener Straßen, an Bahndämmen, auf Hundewiesen oder an den Rändern gespritzter und gedüngter Felder lassen Sie lieber stehen. Pflücken Sie Gräser und Kräuter aus Flur und Wald. Wenn diese feucht sind, achten Sie darauf, dass sie sich nicht erwärmen, denn dies würde schneller zu Gärprozessen und einer Vermehrung von Bakterien führen. Die Kräuter werden luftig und kühl transportiert, damit sie nicht welken. Verfüttern Sie das Grünzeug möglichst sofort und entfernen Sie nicht gefressene Reste nach einem halben Tag. Die Kräuter können Sie in einem Stoffbeutel, der nicht zu voll ist, im Kühlschrank oder an einem sehr kühlen Ort aufbewahren. Spätestens nach 24 Stunden sollten Sie sie verfüttert haben und neues sammeln.

 **Kräuter sammeln** Hier finden Sie genaue Beschreibungen von Wildkräutern.

Kräutertöpfchen aus dem Gartenfachhandel ersetzen auch mal die selbst gesammelten Kräuter.

Gurke in Maßen gefüttert ist lecker und saftig. Am besten kommt sie aus dem Bio-Anbau oder dem eigenen Garten.

Grünes selbst gezogen

Selbst gezogenes Grün von der Fensterbank kann man gerade im Winter gut anbauen. Kräutersamen wie Petersilie, Salbei oder Dill beziehungsweise spezielle Kräutermischungen gibt es im Zoofachhandel.

Die Samen werden in eine Schale mit feuchter Erde gesät, leicht angedrückt und auf die Fensterbank gestellt. Nun brauchen Sie die Erde immer nur feucht zu halten, und schon wächst es von ganz alleine. Sie können Ihren Zwergen auch ein Töpfchen Katzengras, Vogelmiere oder kriechendes Schönpolster (Handelsbezeichnungen Golliwoog, Cubagou o. ä.) im Zoofachhandel oder Gartenmarkt besorgen. Ebenso gerne mögen Kaninchen Bio-Kräutertöpfe, die Sie in nahezu jedem Supermarkt kaufen können.

Leckeres Gemüse

Kaninchen lieben knackig-frisches Gemüse. Waschen Sie es, bevor Sie es Ihren Zwergen geben. Außerdem sollte es zimmerwarm sein und nicht direkt aus dem Kühlschrank kommen. Verstecken Sie die Gemüsestückchen ruhig im Heu, legen Sie sie auf das Dach des Häuschens oder denken Sie sich andere Verstecke aus. Dadurch bewegen sich die Zwerge und haben auch etwas Anregung im Alltag. Die Reste sollten nach einem halben Tag entfernt werden.

Das mögen Ihre Zwergkaninchen am liebsten

Kräuter	
Basilikum	Liebstöckel
Beinwell	Löwenzahn
Brennnesselblätter (junge, kurz angewelkt)	Melisse
	Petersilie
Dill	Pfefferminze
Gräser	Ringelblume
Giersch	Salbei
Kamille	Schafgarbe
Labkraut	Wegerich
Gemüse	
Blumenkohl mit Blättern	Maiskörner (frisch, in kleinen Mengen)
Brokkoli	
Chicoree	Möhren mit & ohne Kraut
Endivien	Paprika (ohne Blattansatz)
Feldsalat	Pastinaken
Fenchel mit Grün	Petersilienwurzel
Gurke	Radieschen-Bätter
Kohlrabiblätter	Salat (Bio, ohne Strunk)
Mairübchen-Blätter	Sellerie (Knolle & Staude)
Maiskolben-Blätter	Topinambur

Fruchtcocktail für fitte Zwerge

Die Hauptmahlzeit der Kaninchen besteht aus Gräsern, Wiesen- und Gartenkräutern, Heu, Zweigen mit Blättern und knackigem Gemüse mit Gemüsegrün. Doch als besonderes Leckerchen freuen sie sich ab und zu auch über ein kleines Stückchen frisches Obst.

Gesunde Äpfel

An Apple each day keeps the doctor away! Äpfel sollen eine verdauungsfördernde Wirkung haben und Darmproblemen vorbeugen. Bieten Sie Ihren Zwergen mehrmals in der Woche einen ganz kleinen Apfelschnitz an.

Apfel und Birne laden zum Naschen ein. Diese Menge ist für eine größere Gruppe gedacht.

Gemüseschnitze bunt gemischt aus Karotte, Gurke, Chicoree und vielem mehr, bieten Abwechslung.

Erdbeer-Bananen-Spieße sind sehr zuckerhaltig, daher nur einmal in der Woche ein Spieß für die ganze Gruppe.

Vitamin-C-Bomben

Hagebutten, frisch oder getrocknet, enthalten sehr viel Vitamin C. Ihre Zwergkaninchen freuen sich hin und wieder über den gesunden Leckerbissen.

Obst für besondere Anlässe

Die meisten Früchte sind recht zuckerhaltig, doch Sie können Ihren Kaninchen alle 2 – 3 Tage ein kleines Stückchen zustecken. Beliebt sind ein Stückchen Birne, eine Erdbeere, eine Johannis- bzw. Brombeere oder selten ein kleines Stückchen Melone. Das gilt auch für die sehr zuckerhaltigen Bananen, nach denen manche Kaninchen ganz verrückt sind.

Gerecht geteilt

Teilen Sie das Obst mit Ihren Kaninchen: Sie bekommen die Frucht, die Kaninchen das Laub. Himbeer- und Brombeerblätter, Heidelbeerlaub oder Erdbeerblättchen werden gerne gemümmelt.

Trockenfutter

Wenn Sie Ihre Zwergkaninchen so ausgewogen wie bisher beschrieben ernähren, brauchen diese kein handelsübliches Trockenfutter. Denn das natürlichste und gesündeste Futter ist eine vielfältige Mischung aus vielen frischen Gräsern und Wildkräutern, ergänzt mit Blättern von Bäumen und Sträuchern. Es liefert alle benötigten Nährstoffe in der richtigen Zusammensetzung.

Darüber hinaus ist das Verdauungssystem der Kaninchen auf eine solche Ernährung spezialisiert. Nach einer langsamen Eingewöhnung können frische Gräser, Kräuter und Blätter in unbegrenzten Mengen als Hauptnahrung angeboten werden. Als hohe Energielieferanten sollten Sämereien (Sonnenblumenkerne, Fenchelsamen, Leinsamen, Dinkelflocken, Haferflocken, Kolbenhirse, Amaranth, Buchweizen) nur in ganz kleinen Mengen oder bei Bedarf (z. B. Winterfütterung in Außenhaltung) gegeben werden. Da der Energiebedarf eines Tieres von verschiedenen Faktoren wie Haltung, Gewicht und Gesundheitszustand abhängt, sind pauschale Fütterungsempfehlungen hier kaum möglich.

KLEINER FUTTERKNIGGE

– Näpfe täglich reinigen.
– Frisches Heu und sauberes Wasser brauchen die Zwergkaninchen rund um die Uhr.
– Füttern Sie so abwechslungsreich wie möglich.
– Gewöhnen Sie Ihre Tiere langsam und in kleinen Mengen an eine neue Futtersorte.
– Saftfutter (frisches Grünzeug, Gemüse, Obst) wird nur frisch angeboten.
– Frische Wiese und Wildkräuter müssen nicht extra gewaschen werden.
– Reste werden spätestens nach einem halben Tag entfernt.
– Das Futter wird nicht direkt aus dem Kühlschrank gereicht.
– Als Futter ungeeignet sind gepresste Pellets, Kartoffeln und Brot.

FÜR KIDS

Snack-Ideen für Kaninchen-Partys

❶ Gemüse on the Rocks

Für dieses Partyfutter brauchst du einen Ziegelstein. Nun schneidest du verschiedenes buntes Gemüse – Karotten, Fenchel, Paprika – in Stücke, die du in die Löcher des Ziegels steckst. Jetzt müssen sich die Kaninchen ein bisschen anstrengen.

❷ Futterglöckchen

Alles, was du brauchst, sind kleine Tontöpfchen, frisches Gemüse und eine Schnur. Binde das Gemüse an der Schnur fest. Jetzt nimmst du das andere Ende der Schnur, fädelst es durch das Loch im Tontopf und hängst sie auf. Fertig!

Apfelball ❸

Nimm einen Apfel und stich das Kerngehäuse aus (der Apfel bleibt dabei ganz). Jetzt legst du den Apfel in das Gehege. Wenn die Kaninchen versuchen, abzubeißen, rollt der Apfel hin und her, bis sie genügend abgebissen haben und er liegen bleibt.

Bunte Girlande ❹

Schneide verschiedene Obst- und Gemüsesorten wie Möhre, Gurke, Paprika und Apfel in Stücke und fädele sie in bunter Reihenfolge auf einen dicken Bindfaden. Den kannst du nun aufhängen, sozusagen als essbare Girlande.

REGELN FÜR DEN BESTEN GASTGEBER DER WELT:

Das mögen deine Kaninchen:
— ganz leise Musik
— knackig frische Snacks
— Kuscheln ohne Zwang
— alles selbst ausprobieren

Das mögen sie gar nicht:
— laute Musik und Trubel
— Essen, an das sie nicht herankommen (ärgere sie nicht!)
— Festhalten, Zwangsstreicheln

Gründlicher Wohnungsputz

Alles sauber? In freier Wildbahn können sich die Kaninchen gut selbst versorgen, ein Regenschauer und eigene Fellpflege führen zu glänzendem Fell, Krallen und Zähne nutzen sich durch Herumhoppeln, Buddeln und Nagen ab. Die Ausscheidungen der Tiere verteilen sich auf eine größere Fläche und Mikroorganismen sorgen für die Zersetzung. Bei den Zwergkaninchen in unserer Obhut sind wir für das Wohlergehen verantwortlich und dazu gehört auch, das Gehege inklusive Einrichtung sauberzuhalten.

Tägliche Handgriffe

Zwei Mal am Tag wird das Heu erneuert und altes weggeworfen. Saftfutter, das nicht gefressen wurde, wird ebenfalls nach einem halben Tag entfernt.

Die Futter- und Wassernäpfe werden mindestens einmal am Tag mit heißem Wasser ausgewaschen und wenn nötig mit einer Bürste geschrubbt. Auf Spülmittel sollten Sie dabei verzichten.

Nippeltränken, wie sie oftmals angeboten werden, sind schwer zu reinigen, es setzen sich Algen und Keime an. Zudem ist die Trinkhaltung für die Kaninchen unnatürlich und anstrengend und es kann zu wenig Wasser aus der Tränke gelangen, ohne dass man es bemerkt. Daher ist ein standfester Napf als Wassergefäß vorzuziehen.

Täglich werden auch die Toilettenecken bzw. die aufgestellten Kloschalen gereinigt: Die verunreinigte Einstreu wird entsorgt (z. B. auf dem Kompost) und die Schalen werden mit heißem Wasser und einer Bürste gründlich geschrubbt. Bei Harnstein und starken Verschmutzungen helfen Essigessenz oder Zitronensäure; chemische oder stark duftende Putzmittel sollten Sie nicht verwenden. Wenn die Schalen getrocknet sind, werden sie mit frischer Einstreu bestückt und wieder aufgestellt.

Trockene Kotböhnchen, die sich eventuell außerhalb der Toilettenschalen finden, werden täglich entfernt. Man kann sie einfach zusammenkehren.

Wöchentliche Reinigung

Einmal in der Woche wird das Kaninchengehege bzw. der abgeteilte Zimmerbereich gründlich gereinigt.

Wenn Sie den Boden mit Betttüchern oder Flickenteppichen ausgelegt haben, werden diese in die Waschmaschine befördert. Der PVC-Boden wird gekehrt, um Heu und Streupartikel zu beseitigen, und anschließend feucht gewischt, zum Beispiel mit verdünntem Essigreiniger. Nachdem er gut trocknen geworden ist, werden frische Laken, Flickenteppiche oder neue Reisstrohmatten ausgelegt.

Einrichtungsgegenstände

Während der Boden trocknet, kommt das Inventar an die Reihe. Häuschen, Spielzeuge, Backsteine, Rampen usw. werden ebenfalls mit warmem Wasser abgebraust oder abgewaschen und notfalls mit der Bürste bearbeitet. Wenn sie wieder trocken sind, werden sie an ihre angestammten Plätze verteilt und fertig ist der Wohnungsputz.

Öfter mal was Neues

Wenn ein Schlafhäuschen sehr verdreckt oder angenagt ist, die Grashöhle nicht mehr nur nach Gras riecht oder die Kloschalen sich nicht mehr vernünftig reinigen lassen, ist es Zeit für einen Einkaufsbummel. Wechseln Sie altes, defektes oder unappetitlich gewordenes Zubehör bei Bedarf gegen neue Gegenstände aus!

Holzhäuschen werden meist angeknabbert und sehen nach einiger Zeit nicht mehr so schön aus.

Gepflegte Zwergkaninchen

Fellpflege Kaninchen putzen sich ausgiebig und beknabbern ihre Artgenossen, bürsten ist also nicht notwendig. Die meisten Tiere mögen es auch nicht besonders. Zutrauliche Kaninchen genießen es jedoch, wenn sie bei den täglichen Streicheleinheiten mit einem Pflegehandschuh sanft gesäubert werden. Auch ein bisschen „Rückenkratzen" an schwer zugänglichen Stellen kommt gut an. Dabei werden – besonders während des Fellwechsels – die losen Haare entfernt und Sie können das Fell auf Parasiten kontrollieren.

Kaninchen mögen und brauchen kein Wannenbad und kein Shampoo. Sie sind von Natur aus sauber und haben es daher gar nicht nötig. Sollte der Po nach einem Durchfall verklebt sein, reinigen Sie ihn mit warmem Wasser und trocknen ihn mit einem Handtuch ab.

Kaninchen-TÜV

Kaninchen zeigen fast immer zu spät an, dass sie krank sind, denn kranke Kaninchen werden aus dem Familienverband ausgeschlossen. Machen Sie daher täglich eine kleine Inspektion, während Sie mit den Kaninchen schmusen, damit Sie mögliche Krankheitsanzeichen rechtzeitig entdecken. Kommen alle zur Fütterung? Fressen sie normal und in gewohnter Geschwindigkeit? Sind sie

Körperpflege betreiben Kaninchen selbst, für den Menschen bleibt nicht viel zu tun.

Ohrenkontrolle Einfach hochklappen und schauen, ob sie sauber und ohne Verkrustungen sind.

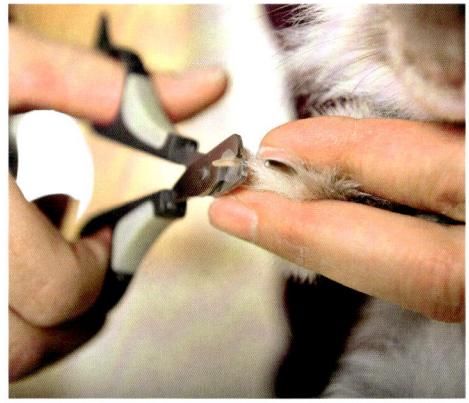

Krallenschneiden ist nötig, wenn sich die Krallen auf weichem Untergrund nicht genügend abnutzen.

munter und an ihrer Umgebung interessiert? Hoppeln sie normal? Sind die Augen klar? Ist das Näschen trocken? Sind die Ohren sauber? – Klappen Sie die Ohren der Widderkaninchen hoch und werfen Sie einen Blick ins Innere. Fühlt sich der Bauch weich an? Sind die Pfoten sauber und unverletzt? Kontrollieren Sie auch das Hinterteil: Der Po und die Hautfalten neben den Geschlechtsteilen, die sogenannten Geschlechtsecken, sollen sauber und ohne Verklebungen sein. Besonders im Sommer droht sonst die Gefahr von Fliegenmaden. Hat sich Schmutz oder Talg abgelagert, können Sie diesen vorsichtig mit einem Wattestäbchen und etwas Babyöl entfernen. Je besser Sie Ihre Tiere kennen, desto früher fallen Ihnen Veränderungen auf und Sie können frühzeitig reagieren.

Krallenpflege

Kaninchen haben vorne fünf und hinten vier Krallen. Da sie in freier Wildbahn ihre Vorderpfoten als Grabwerkzeuge einsetzen und somit die Krallen schnell abnutzen, wachsen diese schnell nach. In der Wohnung fehlen oft die Möglichkeiten, um sie abzunutzen. Zu lange Krallen müssen geschnitten werden: Am besten machen Sie die Prozedur zu zweit. Einer hält das Kaninchen und fixiert dabei die Pfote, damit der andere die Krallenzange ansetzen kann. Vor ei-

ner guten Lichtquelle kann man den blut- und nervenführenden Bereich der Kralle gut erkennen. Der Schnitt wird 3 – 5 mm davor ausgeführt und zwar horizontal. Bei sehr dunklen Krallen, bei denen man die Blutbahn nicht erkennen kann, schneiden Sie lieber weniger ab, dafür öfter. Lassen Sie sich beim ersten Mal von Ihrem Tierarzt oder einem erfahrenen Kaninchenhalter helfen und zeigen, wie Sie die Krallenpflege zu Hause am einfachsten selbst durchführen.

Zahnkontrolle

Zu lang gewordene Schneide- und Backenzähne behindern beim Fressen. Ob die Ursache falsches Futter oder eine Zahnfehlstellung ist, muss der Tierarzt feststellen. Er wird die Zähne kürzen. Bei sehr kleinen Zwergkaninchen kommen Zahnprobleme öfter vor, da der Kiefer zu eng ist. Achten Sie bitte darauf, dass die Zähne nicht mit einer Zange oder einem Seitenschneider gekürzt werden, sondern mit einer Zahnturbine, da die Zähne sonst Schaden nehmen können.

GEWICHTSKONTROLLE

Setzen Sie Ihre Kaninchen einmal pro Woche auf die Waage. Am einfachsten geht das in einer Schüssel auf der Backwaage, so können sie nicht einfach davonlaufen, und die Waage ist genau genug. Legen Sie für jedes Tier eine Wiegekarte an und tragen Sie das Gewicht ein. So sehen Sie auf einen Blick, wenn eines der Kaninchen plötzlich stark zu- oder abnimmt.

 009 **Krallen schneiden** Im Film wird gezeigt, wie man die Krallen richtig kürzt.

Zwergkaninchen beim Tierarzt

Gesundheitsvorsorge Viel Platz, Artgenossen, liebevolle Zuwendung, frisches Heu, Wasser sowie Grünzeug und Gemüse sind die beste Krankenversicherung für Zwerge. Doch wenn Ihre Kaninchen einen kranken Eindruck machen, sollten Sie zum Tierarzt gehen.

Impfungen für Kaninchen

Es gibt Infektionskrankheiten, die den Kaninchen gefährlich werden können. Dazu gehören die Chinesische Kaninchenseuche, auch RHD (Rabbit haemorrhagic disease) genannt, und die Myxomatose. Beide Krankheiten enden bei ungeimpften Tieren in der Regel tödlich und sind hochansteckend. Eine Behandlung ist nur bei Myxomatose möglich, aber selten erfolgreich. Sie können vorbeugen, indem Sie Ihre Kaninchen impfen lassen (je nach Impfstoff halbjährlich oder jährlich). Ihr Tierarzt wird Sie gern beraten, was für Ihre Tiere empfehlenswert ist.

Der richtige Tierarzt

Weil vor jeder erfolgversprechenden Behandlung eine genaue Diagnose erfolgen muss, sollten Sie im Zweifelsfall lieber einmal zu viel zum Tierarzt gehen, als einmal zu wenig. Suchen Sie sich einen kompetenten Kleintierspezialisten, bevor Ihre Tiere ernsthaft erkranken.

Häufiges Kratzen kann auf einen Befall mit Parasiten oder Hautentzündungen hindeuten.

Kranke Kaninchen sondern sich manchmal ab, wirken apathisch, fressen nichts mehr – dann zum Tierarzt!

Die Transportbox für den Weg zum Tierarzt wird mit einem weichen Tuch ausgelegt.

Fragen, die der Tierarzt stellt

Je genauer Sie die Fragen des Tierarztes beantworten können, desto besser. Nehmen Sie die Wiegekarte und eine Kotprobe mit. Falls Sie vermuten, dass Ihr Zwergkaninchen etwas Giftiges gefressen hat, packen Sie auch davon eine Probe ein. Ansonsten wird der Arzt Ihnen folgende Fragen stellen:

— Wie alt ist das Tier?
— Seit wann lebt es bei Ihnen?
— Wo und wie wird es gehalten?
— Hat es Appetit und Durst?
— Was hat es gefressen und getrunken?
— Wann haben Sie die Symptome zuerst bemerkt?
— Wie äußert sich die Veränderung?
— Wie sehen die Ausscheidungen aus?
— Gibt das Tier Schmerzenslaute von sich?

Der Transport zum Tierarzt

Kaninchen mögen Tierarztbesuche nicht. Um Stress zu vermeiden, nehmen Sie am besten beide Tiere in einer Transportbox mit, denn die Anwesenheit des Freundes beruhigt. Legen Sie ein Handtuch in die Box und einen Berg frisches Heu zum Knabbern und Verstecken. Die Lieblingskräuter oder eine Möhre lassen so manche Angst leichter vergessen.

Behandlung nach Vorschrift

Je nach Diagnose wird Ihnen der Tierarzt erklären, was zu tun ist. Er sagt Ihnen auch, ob Sie das kranke Tier von seinen Artgenossen trennen müssen. Es ist wichtig, sich an die Gebrauchs- und Dosieranweisungen der Medikamente zu halten. Flüssige Medikamente werden mit einer Pipette oder nadellosen Spritze hinter den Schneidezähnen ins Mäulchen eingeflößt, Salben mit einem Wattestäbchen aufgetragen. Falls das Kaninchen Ektoparasiten wie z. B. Milben hat und medizinische Bäder benötigt, kann man die Lösung mittels eines Schwamms auftragen. Achten Sie darauf, dass nichts in die Augen kommt. Anschließend wird das Zwergkaninchen vorsichtig abgetrocknet. In der Regel werden die Medikamente aber gespritzt oder als Spot-on im Nacken aufgetragen.

Die häufigsten Kaninchenkrankheiten

Krankheitsanzeichen	Verdacht auf	Maßnahmen
Durchfall, breiige Köttel oder wässriger Durchfall	Zu schnelle Futterumstellung, Zahnfehlstellung, bakterielle Infektion, Darmparasiten, Vergiftung	Das Tier bekommt vor allem gewohntes Grünfutter und Heu sowie einige Trockenkräuter. Wasser oder lauwarmen Kamillentee anbieten. Durchfall muss innerhalb von 24 Stunden abklingen, sonst zum Tierarzt. Bei wässrigem Durchfall sofort zum Tierarzt, Kotprobe mitnehmen.
Kaninchen hockt mit gesträubtem Fell, atmet stärker und der Bauch ist hart und fest. Es schlägt mit den Hinterläufen.	Trommelsucht (Blähsucht oder Tympanie)	Bitte unverzüglich den Tierarzt aufsuchen. Trommelsucht kann tödlich enden aufgrund eines Kreislaufversagens. Frischfutter kann und sollte weiter gegeben werden, besonders magenschonende Kräuter wie z. B. Dill. Eine Heu-Wasser-Diät ist gefährlich.
Köttelketten, zu große Köttel oder gar keine mehr	Verstopfung, Haarballen durch Fellwechsel, zu wenig Bewegung	Bürsten Sie die Kaninchen während des Fellwechsels. Sorgen Sie für ausreichend Bewegung. Etwas Nager-Maltpaste oder ein Tropfen Rapsöl sollen helfen, die aufgenommenen Haare besser auszuscheiden. Tritt keine Besserung ein, gehen Sie zum Tierarzt, dieser sollte den Bauch röntgen.
Das Kaninchen ist apathisch, liegt auf der Seite, es verweigert das Futter und atmet flach.	Hitzschlag, schwere Erkrankung/Infektion	Suchen Sie sofort einen Tierarzt auf. Bei Verdacht auf Hitzschlag wickeln Sie das Kaninchen in ein kühles, feuchtes Tuch. Flößen Sie ihm Wasser ein. Bei anderen Ursachen entscheidet der Tierarzt, ob gekühlt oder gewärmt werden soll.

Krankheitsanzeichen	Verdacht auf	Maßnahmen
Verklebte, verschlossene, trübe Augen, rote geschwollene Lidränder	Bindehautentzündung, Verletzung des Auges, Backenzahnprobleme	Gehen Sie zum Tierarzt. Augenverletzungen werden durch einen Fluoreszintest festgestellt.
Verklebte oder feuchte Nase, das Kaninchen niest und ist apathisch und verweigert die Nahrung, starke Flankenatmung.	Erkältungskrankheit (Schnupfen bis Lungenentzündung), ansteckender Kaninchenschnupfen	Vermeiden Sie Durchzug und Kälte. Gehen Sie zum Tierarzt. Unterstützend können Sie das Kaninchen inhalieren lassen indem sie es in die Transportbox setzen, diese mit einem Handtuch abdecken und die Dämpfe ins Innere leiten.
Das Kaninchen sabbert, rund um den Mund ist es feucht, es frisst schlecht.	Zahnprobleme durch fehlerhafte Zahnanlage oder falsche Fütterung	Oft bereiten die Backenzähne dem Kaninchen Probleme, was der Halter nicht auf Anhieb sieht. Lassen Sie das durch Ihren Tierarzt abklären.
Verklebte oder schuppige Ohren, das Kaninchen hält den Kopf schief.	Infektion im Innenohr, Parasiten- oder Pilzbefall, Befall mit Encephalitozoon cuniculi (E. c.)	Gehen Sie zum Tierarzt. Gerade bei Widderkaninchen kommt es häufiger vor, dass die Ohren verstopft sind und vom Tierarzt gereinigt werden müssen. Bei Ohrräude oder Pilzfall wird der Tierarzt einen Abstrich machen, um ein entsprechendes Medikament zu verschreiben.
Glanzloses, struppiges Fell, kahle Stellen, Schorf, das Kaninchen kratzt sich vermehrt.	Parasitenbefall (Flöhe, Milben, Haarlinge), Pilzbefall	Ihr Tierarzt erstellt die Diagnose und wird Ihnen ein geeignetes Mittel verschreiben.
Blut im Urin, das Kaninchen hat Schmerzen beim Wasserlassen.	Blasen- oder Nierenerkrankung	Gehen Sie zum Tierarzt. Er wird feststellen, ob es sich um eine Blaseninfektion, Blasen- oder Nierensteine handelt, und die richtige Therapie einleiten. Unterstützend können Sie frische und getrocknete Kräuter sowie Tees aus Löwenzahn, Brennnesseln, Birkenblättern oder Kamille anbieten.
Wunde Hinterläufe, kahle Stellen, Schorf	Entzündungen durch falschen Untergrund (Teppiche, harte Einstreu etc.)	Halten Sie das Gehege sauber. Achten Sie auf weichen Untergrund. Wechseln Sie ggf. die Streu, wenn diese zu hart ist. Beim Freilauf sollten weiche Baumwollteppiche ausgelegt werden. Kunststoffteppiche sind Gift für die Pfoten, da sich die Kaninchen beim Laufen die Pfoten regelrecht verbrennen.

Gut betreut in Urlaub & Alter

Urlaubsbetreuung Wenn Sie verreisen wollen, kümmern Sie sich am besten rechtzeitig um einen Tiersitter, denn Zwergkaninchen wollen nicht verreisen. Vielleicht gibt es Freunde und Bekannte, die die Tiere schon kennen und sich in ihrer vertrauten Umgebung um sie kümmern. Oder es gibt einen älteren Schüler oder Studen-ten, der für etwas Taschengeld nach Ihren Tieren schaut. Sie sollten ihn vorher genau ein-weisen. Hinterlassen Sie Ihre Urlaubsanschrift und die Telefonnummer Ihres Tierarztes. Wenn Sie niemanden finden, der zu Ihnen kommen kann, können die Kaninchen mitsamt Gehege zu Freunden ziehen, die sich ihrer annehmen.

Kaninchen mögen nicht verreisen. Am besten lässt man sie in ihrer gewohnten Umgebung liebevoll versorgen.

Ältere Kaninchen lassen es gemütlicher angehen und freuen sich über gesunde Extra-Leckerbissen.

Gruppe erhalten

Was Sie jedoch tunlichst unterlassen sollten, ist Ihre Kaninchengruppe zu trennen oder zu einer fremden Gruppe dazuzusetzen. Das bringt Unruhe in die Gruppe und führt oft zu Streitereien. Auch wenn Sie wieder zu Hause sind und alles beim Alten zu sein scheint, dauert es oft lange, bis wieder Ruhe in die Gruppe kommt. Wenn Ihre Tiere zu Freunden mit Kaninchen kommen, bleibt jedes Rudel für sich!

Kaninchenpension

Sollten Sie niemanden kennen oder finden, dem Sie während Ihres Urlaubs Ihre Zwergkaninchen anvertrauen können, schauen Sie sich nach einem Pensionsplatz um. Zoofachhändler, Kaninchenhilfsorganisationen oder Tierheime helfen Ihnen gerne, einen geeigneten Platz zu finden.

Alte Kaninchen

Alle Zwergkaninchen werden auch einmal alt. Manchmal beginnt die merkliche Alterung schon zwischen dem fünften und sechsten Lebensjahr, bei anderen Tieren zeigen sich erste Anzeichen erst mit sieben. Das Fell wird etwas stumpfer und struppiger und sie verlieren mehr Haare. Die Körperform wird vielleicht etwas eckiger und die Augen werden trüber.

Verhalten und Pflege

Ältere Zwergkaninchen haben ein geringeres Bewegungsbedürfnis, sie klettern nicht mehr gerne über Hindernisse oder auf erhöhte Aussichtsplätze. Außerdem nimmt ihr Ruhebedürfnis zu. Es kann passieren, dass sie den Zeitpunkt der Fütterung verschlafen. Alles geht etwas langsamer und bedächtiger, auch die Nahrungsaufnahme. Achten Sie darauf, dass Ihr altes Kaninchen genügend Futter abbekommt und ihm die jüngeren Mitbewohner nicht alles wegfressen. Notfalls müssen Sie die Tiere während der Fütterung trennen, damit der Oldie ungestört fressen kann. Stecken Sie ihm ruhig einen Extrahappen in Form von Petersilie, grünem Hafer oder Erbsenflocken zu. Sollte er massive Kaubeschwerden haben, lassen Sie die Zahnstellung von Ihrem Tierarzt abklären. Er kann Ihnen auch Tipps zur Ernährung des Kaninchens geben. Dem Senior ist es wichtig, dass seine Umgebung so bleibt, wie sie ist.

Abschied

Alte Zwergkaninchen sterben meistens ohne merkliche Leiden im Schlaf. Sollte das Tier Schmerzen haben und leiden, ohne dass Sie ihm Linderung verschaffen können, sollten Sie es einschläfern lassen. Die Entscheidung und der letzte Gang zum Tierarzt sind schwer, aber auch dieser Schritt gehört zu einer verantwortungsvollen, artgerechten Tierhaltung dazu.

Tipp: Senioren-WG

Auch ein altes Kaninchen braucht seine Artgenossen. Oft werden ältere Tiere sogar wieder vitaler, wenn ein jüngeres Tier dazukommt. Kaninchenhilfsorganisationen stehen Ihnen in dieser Phase gerne mit Rat und Tat zur Seite.

Nachwuchs sollte sehr gut überlegt werden, für die Jungtiere müssen geeignete neue Besitzer gefunden werden.

Die Sache mit dem Nachwuchs

Fortpflanzung Kaninchen sind von Natur aus sehr fortpflanzungsfreudig, da sie in der Wildnis, bedingt durch Krankheiten und Fressfeinde, keine hohe Lebenserwartung haben. Obwohl Zwergkaninchenbabys niedlich sind, so ist diese Zeit sehr kurz. Außerdem bedeutet eine Trächtigkeit für die Häsin ein gesundheitliches Risiko, durch das sie oder die Welpen sterben können. Tierheime und Tierschutzorganisationen beherbergen viele ungewollte Zwergkaninchen, auch aus ungeplanten Würfen. Dort können Sie auch Jungtiere bekommen.

Paarung

Kaninchen werden bereits mit rund zwölf Wochen geschlechtsreif, sind aber in diesem Alter noch lange nicht ausgewachsen.

Zum Züchten ist es dann noch zu früh, die Zuchtreife liegt bei sechs bis sieben Monaten. Die Häsinnen sind fast das ganze Jahr über paarungsbereit. Die Brünftigkeit erkennt man an den geschwollenen und geröteten Genitalien. Vor der Paarung beriechen sich die Tiere intensiv. Der Rammler folgt brummelnd mit erhobener Blume der Häsin, beleckt sie und bespritzt sie mit Urin. Wenn die Häsin paarungsbereit ist, macht sie sich flach und hebt dem Rammler das Hinterteil entgegen. Der eigentliche Deckakt dauert nur wenige Sekunden, der Rammler besteigt die Häsin und sinkt danach erschöpft zur Seite, um sich auszuruhen.

Trächtigkeit

Die Tragzeit dauert ca. 30 – 32 Tage. Einige Tage vor der Geburt baut die Häsin ein Nest, das sie mit weichen Pflanzenmaterialien und eigenem Fell auspolstert. Sie wählt dafür ein Häuschen, eine bereitgestellte Wurfkiste oder buddelt, wenn sie im Freigehege lebt, eventuell eine Wurfhöhle.

Geburt und Aufzucht

Die Jungen werden nackt und blind geboren und von der Häsin ein- oder zweimal am Tag gesäugt. Die Muttermilch ist sehr nährstoffreich und enthält immunisierende Stoffe. Nach einer Woche haben die Kleinen das Geburtsgewicht verdoppelt, mit neun bis zehn Tagen öffnen sie die Augen und nach spätestens zwei Wochen krabbeln sie schon mal aus dem Nest. Dann beginnen sie bereits Heu und anderes Futter zu probieren. Der Zeitraum des Säugens ist unterschiedlich lang und dauert bis zu drei Monaten. So lange sollten die Babys auch wegen des Sozialverhaltens bei der Mutter bleiben.

Lernen fürs Leben

Während der ersten Lebenswochen lernen Kaninchen fast alles, was sie fürs Leben brauchen. In der Gruppe üben sie Sozialverhalten und Kommunikation. Bis zum Abgabealter von zehn bis zwölf Wochen beherrschen sie das Wesentliche, was Kaninchen wissen sollten. Neben dieser arttypischen Prägung sollten die Kleinen aber auch Menschen, fremde Geräusche und Gerüche kennenlernen.

Kastration

Da Kaninchen bereits mit zwölf Wochen geschlechtsreif werden, ist eine frühe Kastration der Rammler sinnvoll, damit sie weiterhin mit ihren Artgenossen zusammenleben können und nicht ungeplant ihre Mutter decken. Bei der Kastration werden die Keimdrüsen entfernt, also beim Rammler die Hoden und bei der Häsin die Eierstöcke und die Gebärmutter (Ovariohysterektomie). Die Gebärmutterentfernung ist sehr wichtig, da Häsinnen im Alter oftmals an Gebärmutterveränderungen leiden, die auch bösartig werden können.
Die Rammler können kastriert werden, sobald die Hoden im Bauch getastet werden können. Das ist, je nach Reife, ab der achten Lebenswoche der Fall. Man nennt dies Frühkastration. Sie hat den Vorteil, dass keine Trennung von den Häsinnen erfolgen muss.
Bei älteren Tieren und bereits abgesenkten Hoden muss eine Trennung bis sechs Wochen nach der Kastration erfolgen, da noch eine Restfruchtbarkeit besteht. Da bei Häsinnen der Eingriff aufwendiger ist als bei den Rammlern, wenden Sie sich an einen Kleintierarzt oder eine Tierklinik, die Erfahrungen mit Narkosen und OPs bei Kaninchen hat.

Kaninchen-verhalten

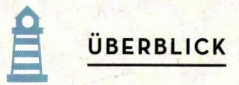
Verstehen & beschäftigen

S.62

Mit allen Sinnen

Sehen Kaninchen sind etwas kurzsichtig, haben dafür aber einen fast 360-Grad-Rundumblick und können Farben unterscheiden.
Hören Kaninchen hören sehr gut, etwa so gut wie Hunde und Katzen.
Riechen Kaninchen sind Supernasen! Ein Großteil ihrer Kommunikation läuft über Duftbotschaften ab.
Schmecken Kaninchen sind Feinschmecker. Sie mögen die Abwechslung und entwickeln Vorlieben und Abneigungen.
Fühlen Mit ihren empfindlichen Tasthaaren können sie sich auch im Dunkeln zurechtfinden.

S.64

12 TYPISCHE
VERHALTENSWEISEN WERDEN IM DOLMETSCHER GEZEIGT

S.70

Spielmaterial

Wählen Sie ungiftige Materialien, die Ihre Kanichen auch bedenkenlos benagen können. Geeignet sind:

- ❏ „Nagermöbel" aus Holz
- ❏ Röhren aus Ton, Kork, Rinde oder Holz
- ❏ Kobel aus geflochtenem Stroh
- ❏ Körbe aus unbehandelten Weiden
- ❏ unbedruckte Pappen und Kartons

S.70

Das macht fit

Spielen und Turnen macht Ihre Kaninchen fit: Röhren eignen sich zum Durchkriechen. Auf das Dach verschiedener Schlafhäuschen oder Treppen aus Ziegelsteinen können die Tiere hinaufklettern oder -springen. Äste und Zweige werden beschnuppert und benagt. Dicke Schichten von Einstreu oder Sand laden zum Buddeln ein. Heuhaufen dienen als Knabber- und Versteckmöglichkeiten. Und Leckereien an erhöhten Stellen laden zum „Stretching" ein.

S.74

Ganz schön pfiffig

Kaninchen müssen ihren Bewegungsdrang ausleben können, um gesund zu bleiben. Dazu benötigen sie viel Platz und Freilauf. Aber die kleinen Langohren sind auch ganz schön pfiffig. Hier können Sie testen, wie schlau sie sind und was sie alles lernen können.

Typisch Zwergkaninchen

Fluchttiere Kaninchen sind Fluchttiere und verschwinden so schnell wie möglich in ihrem Versteck, wenn sie sich bedroht fühlen. Und bedroht fühlen sie sich nicht nur durch ihre natürlichen Feinde, sondern auch durch laute, ungewohnte Geräusche, neue Gerüche oder eine menschliche Hand, die sich ihnen von oben nähert.

Auf Augenhöhe begegnen

Begegnen Sie Ihren Zwergen also am besten auf Augenhöhe und setzen oder legen Sie sich zum Spielen und Kuscheln auf den Boden. Wenn Sie die Kaninchen ganz vorsichtig an alles Neue gewöhnen – an das neue Zuhause, die fremden Geräusche und Gerüche dort, die verschiedenen Menschen und vielleicht auch andere Haustiere –, werden die meisten schnell zahm. Es gibt jedoch auch Kaninchen, die immer zurückhaltend bleiben, dies sollte man respektieren.

Guter Rundumblick

Kaninchen sind Bewegungsseher und können alles, was sich um sie herum bewegt, sehr gut wahrnehmen – und das fast rundum: Da ihre Augen seitlich am Kopf sitzen, haben sie fast eine 360°-Rundumsicht. Allerdings können sie Dinge, die direkt vor ihrer Nase geschehen, nicht so gut erkennen. Sie mögen kein grelles Licht und können auch nur rot und grün unterscheiden. Doch dafür sehen sie bei Dämmerung gut.

Gruppenleben Kaninchen leben in der Sippe und brauchen den Kontakt zu ihren Artgenossen.

Der Rundumblick ist für Fluchttiere wie Kaninchen in der Natur wichtig, um Feinde rechtzeitig zu bemerken.

Leckeres Futter finden Kaninchen in erster Linie über ihren feinen Geruchssinn.

Supernasen

Kaninchennasen sind in ständiger Bewegung. Nasenblinzeln wird das genannt. Mehr als 100 Millionen Riechzellen sind in Aktion. Kaninchen saugen Gerüche richtig ein. Über die Nase orientieren sie sich und nehmen viele Informationen auf: Wo gibt es leckeres Futter? Wo sind die Mitglieder meiner Kaninchen-Sippe? Und wie geht es ihnen? Wo lauern Feinde? Gerüche wie Rauch, Küchendünste, Putzmittel stinken ihnen gewaltig.

Kleiner Lauschangriff

Mit ihrem hochempfindlichen Gehör entgeht ihnen kaum etwas – schon gar nicht das leise Rascheln der Futtertüte. Die Löffel funktionieren wie kleine Schalltrichter und können unabhängig voneinander nach vorne und nach hinten gerichtet werden. Damit orten sie, wo sich etwas regt. Nähert sich Freund oder Feind? Extrem laute oder hochfrequente Töne (z. B. das Pfeifen des Fernsehers) sind für sie unangenehm, Lärm macht ihnen Angst. Ist es sehr warm, dienen die Ohren auch als Wärmeableiter, da Kaninchen nicht schwitzen können.

Leckermäulchen

Kaninchen sind echte Feinschmecker mit ganz besonderen Vorlieben und Abneigungen. Manches mögen sie besonders gerne, anderes lehnen sie angewidert ab.

Leider fressen Kaninchen auch Dinge, die ihnen nicht bekommen – denn durch Annagen untersuchen sie die Gegenstände. Deshalb ist es wichtig, alles außer Reichweite zu bringen, was nicht in einen Kaninchenmagen gehört! Dazu gehören vor allem Zimmerpflanzen.

Mit Feingefühl

Kaninchen besitzen empfindliche Tasthaare rechts und links von der Nase, am Maul und über den Augen. Mit diesen kleinen Antennen können sie auch bei Dunkelheit ihre Umgebung ertasten. Das ist für das Leben im Bau wichtig, damit sie sich schnell und geschickt durch die dunklen Gänge bewegen bzw. feststellen können, ob sie irgendwo hindurchpassen. Daher darf man an diesen Haaren niemals zupfen oder sie gar abschneiden! Zum einen tut es weh, zum amderen nimmt man ihnen einen wichtigen Sinn.

Buddeln ist Kaninchen ein Bedürfnis. Sie befriedigen es gerne in einer dicken Schicht Einstreu oder Sand.

Der Heimtier-Dolmetscher Zwergkaninchen verstehen

❶ Gestreckt

Dieses Kaninchen fühlt sich wohl. Der Länge nach ausgestreckt, liegt es in seinem Gehege. Wäre es fluchtbereit, würde es die Beine unter den Körper ziehen.

❷ Unsichtbar

Wenn Kaninchen Angst haben, drücken sie sich auf den Boden, ziehen die Beine unter den Körper, legen die Ohren an und reißen die Augen auf. Rangeln Kaninchen miteinander, dient dies der Unterwerfung.

❸ Meins

Kaninchen haben Duftdrüsen am Kinn, mit denen sie alles einreiben, was ihrer Meinung nach wichtig ist und zu ihnen gehört.

Mach Männchen ❹

Es sieht zwar aus wie ein Kunststück, doch Männchen machen gehört zum natürlichen Verhalten. Das Kaninchen richtet sich auf, um seine Umgebung besser beobachten zu können. So kann es weiter sehen, besser riechen und hören.

Tunnelgänger ❺

Enge Röhren, dunkle Tunnel – für Kaninchen kein Problem. Ihr Bau besteht aus einem Labyrinth aus Tunnel-, Röhren- und Gangsystemen. Daher fühlen sich Kaninchen in den dämmrigen Gängen äußerst geborgen.

Meisterbuddler ❻

Graben, Scharren und Buddeln gehören zum natürlichen Verhaltensrepertoire der Kaninchen. In freier Natur sind die Weibchen dafür verantwortlich, den Bau zu graben. Kaninchen graben daher auch in der Einstreu oder auf dem Teppich.

...hier geht's weiter:

❶ Nimmersatt

Kaninchens Lieblingsbeschäftigung ist das Fressen. Kräuter, Heu und Gemüse passen immer rein. Das Verdauungssystem des Kaninchens ist so angelegt, dass es dauernd Futter aufnehmen muss.

❷ Geruchskontrolle

Der Duft des anderen ist seine Visitenkarte. Treffen sich zwei Kaninchen, wird zuerst ein Duft-Check durchgeführt. Man beginnt höflich am Kopf und arbeitet sich umkreisend zu den Anal- und Perianaldrüsen am Po vor.

❸ Aufreiten

Es ist nicht unbedingt das, wonach es aussieht. Kaninchen reiten nämlich nicht nur zur Paarung auf, sondern zeigen dadurch auch ihre Dominanz.

Gut gepflegt ❹

Kaninchen sind sehr reinliche Tiere. Ein gesundes Kaninchen nimmt sich mehrmals täglich Zeit für eine ausgiebige Körperpflege. Das Gesicht wird gewaschen, indem der Zwerg seine Pfoten beleckt und sich anschließend über Augen, Mäulchen und Nase fährt.

Heil in der Flucht ❺

Droht Gefahr, trommeln Kaninchen kurz mit den Hinterfüßen auf den Boden. Das ist das Signal, woraufhin alle zum nächsten sicheren Unterschlupf hoppeln.

Zwei, die sich verstehen ❻

Kaninchen sind Sippentiere und wollen nicht alleine leben. Zur Begrüßung beschnuppern sie sich gegenseitig am Gesicht. Tiere, die sich mögen, bekunden ihre freundschaftliche Beziehung durch ausdauerndes Beknabbern und Belecken. Hat der andere genug, schubst er seinen Kumpel einfach weg.

Zwergkaninchensprache

Lautäußerungen

Laute Töne sind bei den Kaninchen nur selten zu hören, doch sie sprechen ab und zu mit Lauten.

Grummeln, Fauchen, Knurren Passt ihnen etwas nicht, grummeln sie vor sich hin. Bei steigender Aggression fauchen oder knurren sie. Dann kann es passieren, dass das Kaninchen plötzlich nach vorne schießt, kratzt und beißt.

Fiepen Manchmal fiepen Kaninchen leise, wenn sie auf dem Arm gehalten werden. Jetzt sollten Sie das Tier schnell wieder absetzen.

Zähneknirschen Wenn Kaninchen Schmerzen haben, knirschen sie mit den Zähnen. Hören Sie das Zähneknirschen, sollten Sie den Zwerg genauer untersuchen und mit ihm zum Tierarzt gehen. Das Zähneknirschen sollte man nicht mit dem Zähnemahlen verwechseln, das bei Kaninchen oft in entspannter Haltung oder bei Streicheleinheiten vorkommt und bedeutet, dass das Tier sich sehr wohlfühlt.

Schreien Kaninchen können auch schreien. Doch das tun sie nur in höchster Not, wenn sie um ihr Leben fürchten.

Duftsprache ist auch bei Kaninchen wichtig, sie markieren ihr Revier und erkennen sich untereinander am Geruch.

KÖRPERSPRACHE

1. **Kontakt aufnehmen** Wer bist du denn?
2. **Unterstand** Hier ist schon besetzt!
3. **Erkunden** Was gibt es da denn Neues?

Körpersprache

Wälzen, Ausstrecken, Mümmeln Wenn sich Kaninchen wohlfühlen, wälzen sie sich. Ein anderes Zeichen von körperlichem Behagen ist, wenn sie lang gestreckt auf der Seite oder ganz still liegen, vor sich hinmümmeln und mahlen. Dann fühlen sie sich sicher.

Belecken und Anstupsen „Ich mag dich" heißt auf Kaninchensprache, wenn sich die Tiere gegenseitig belecken. Das geschieht am Kopf, am Hals und hinter den Ohren. Ein leichtes Anstupsen mit der Nase heißt „Hallo" oder „Streichel mich". Wenn's genug ist, wird man wieder weggeschubst.

DUFTSPRACHE

Kaninchen kommunizieren mithilfe von Duftmarken: Familienangehörige und Fremde werden so voneinander unterschieden, das Revier wird mit Duftdrüsen am Kinn markiert, paarungsbereite Weibchen locken Männchen über sogenannte Pheromone an und Rammler „beduften" ihr erwähltes Weibchen mit Urin.

Trommeln Wenn Gefahr droht, warnen Kaninchen ihre Artgenossen. Und wie ginge das besser als mit einer Trommel? Dazu ziehen die Kaninchen ihre Hinterbeine unter den Körper und schlagen hart auf den Boden.

Ducken und Po hochstrecken Umgekehrt können auch Kaninchen drohen. Dabei ist der Vorderkörper geduckt, der Po hochgestreckt und die Ohren angelegt. Das Kaninchen sagt: „Bleib, wo du bist oder zieh Leine!"

Männchen machen Kaninchen sind neugierig: Wenn sie etwas näher begutachten wollen, setzen sie sich auf die Hinterbeine und machen Männchen, um alles besser sehen zu können.

Heranschieben Wenn sie etwas erkunden, nähern sie sich vorsichtig an, sie schieben sich sozusagen auf den Gegenstand zu. Das ist ein langsames Hoppeln, bei dem der Kopf nach vorne geschoben wird, der Körper lang gestreckt ist und das Schwänzchen nach oben zeigt.

Verhalten In diesem Film erfahren Sie einiges über das Verhalten der kleinen Langohren.

Abenteuer für kleine Langohren

Freilauf macht Spaß! Doch irgendwann kennen Ihre Zwerge auch den letzten Winkel des Auslaufs – spätestens dann wird es Zeit für ein wenig Abwechslung. Mit einfachen Mitteln und etwas Fantasie gestalten Sie einen spannenden Abenteuerspielplatz, der immer wieder zu neuen Entdeckungstouren einlädt. Dabei müssen Sie nicht alle Ideen auf einmal umsetzen, bieten Sie lieber immer wieder einmal etwas Neues an und sorgen Sie so für Abwechslung.

Höhlenforscher

Kaninchen als Höhlenbewohner lieben alles, in das man hineinkriechen kann: Ton- und Korkröhren oder Weidebrücken aus Holz, Kartons, in die Sie einen Ein- und Ausgang schneiden, aus Stroh geflochtene Kobel oder verschiedene Schlafhäuschen laden zum Durchkriechen, Draufklettern oder zum Entspannen ein.

Klettermaxe

Auf fast alles, in das man hineinkriechen kann, kann man auch hinaufklettern. Ihre Zwergkaninchen erforschen ihr Höhlenspielzeug auch von außen. Stellen Sie ein Brett als nicht zu steile Rampe schräg an ein Schlafhäuschen, damit sie das Dach als Aussichtspunkt nutzen können, auch wenn die Zwerge das oft nicht brauchen:

Klettermaxe Aussichtsplätze werden gerne genutzt und auf eine Weidenbrücke kann man prima klettern.

Buddel-Spaß Eine Kunststoffbox mit feinem Sand lädt Kaninchen zum Graben und Wühlen ein.

Urwaldexpedition Unter Zweigen können Kaninchen sich verstecken oder an den Blättern knabbern.

Fitness-Food Heu mal nicht in der Raufe, sondern in einer Papprolle, aus der es herausgezogen werden muss.

Ein Satz reicht aus und sie sitzen oben. Der positive Nebeneffekt: Die Krallen der Kaninchen nützen sich auf den rauen Untergründen gut ab.

Urwaldexpedition

Besorgen Sie ein Bündel belaubter Zweige – am besten von ungespritzten Obstgehölzen, Buche, Haselnuss oder Weiden – und schichten Sie es im Freilauf auf. Hinein geht's in den Urwald! Die Zwergkaninchen können unter den Ästen und Zweigen durchlaufen, sich darunter verstecken oder daran aufrichten und Blätter, Knospen und Rinde knabbern.

Buddel-Spaß

Füllen Sie Sand in eine Kiste und stellen Sie diese für Ihre Zwergkaninchen auf. Ihre kleinen Langohren werden sich sicher mit Begeisterung auf die Kiste stürzen und graben, was das Zeug hält. Achtung: Dabei bleibt natürlich nicht aller Sand in der Kiste! Deshalb ist dieses Vergnügen ganz besonders für den Freilauf im Garten geeignet. Für drinnen können Sie eine Kiste mit hohen Seitenwänden benutzen.

Fitness-Food

Kaninchen finden auf ihren täglichen Rundgängen gerne etwas zum Futtern. Doch damit der Abenteuerspielplatz nicht nur zum Schlaraffenland wird, sollen sich die Zwerge für ihre Leckerbissen ruhig ein wenig anstrengen. Zum Beispiel so:
— Die Futterstückchen werden nicht einfach im Napf serviert, sondern im ganzen Raum versteckt.
— Füllen Sie ein Span- oder Weidenkörbchen mit Heu und verstecken Sie darunter kleine Gemüsestückchen.
— Binden Sie Petersilie zu einem Sträußchen und hängen Sie es so auf, dass sich die Kaninchen recken und strecken müssen, um davon zu naschen.
— Stopfen Sie Heu in eine Tonröhre, eine Socke oder eine leere Klopapierrolle – die Langohren müssen es dann wieder herauszupfen.

Abwechslung In diesem Film erfahren Sie, wie Sie für Abwechslung im Kaninchengehege sorgen.

Kaninchenzirkus „Manege frei"

Kaninchen sind ganz schön schlau! Hast du Lust, auch anderen zu zeigen, was sie alles können? Diese Kunststücke kannst du einüben und schon bald heißt es „Manege frei" für deinen Kaninchenzirkus.

❶ Seiltänzer

Du brauchst zwei Ziegelsteine und ein ca. 15 cm breites Brett. Stell die Steine im Abstand auf und leg das Brett darüber, sodass eine Brücke entsteht. Nun kannst Du die Kaninchen mit Futter über das Brett locken.

❷ Hürdenläufer

Nimm einen dicken Ast, eines deiner Kaninchen sitzt davor. Nun lockst du es mit einem Leckerbissen, bis es darüberhüpft. Gib dazu ein Kommando: „Hopp!"

Abschiedsgruß ❸

Kaninchen können ganz prima Männchen machen. Mit einem Stückchen ihres Lieblingsfutters, das du ihnen über die Nase hältst, kannst du sie schnell dazu bringen. Das wird der Abschiedsgruß deiner Kaninchen-Artisten.

Löwensprung ❹

Besorg dir einen kleinen Reifen und bring deinen Kaninchen bei, hindurchzuklettern. Zuerst steht der Reifen noch auf dem Boden, nach und nach kannst du ihn ein bisschen höher halten. Na, wie hoch schaffen es deine Zwerge?

REGELN FÜR DOMPTEURE

Damit deine Zwerge auch Spaß haben, beachte diese Regeln:

— Zwing deine Kaninchen nie zu etwas, das sie nicht wollen.

— Belohn sie für jeden Erfolg mit einem kleinen Leckerbissen.

— Trainier nie zu lange, sonst verlieren deine Tiere die Lust.

— Aber regelmäßiges Üben ist wichtig, damit deine Kaninchen die Tricks nicht gleich wieder vergessen.

— Am fittesten sind sie morgens und abends. Nutze ihre Energie. Stör sie nicht, wenn sie schlafen oder fressen.

Gehirn-Jogging für schlaue Zwerge

Intelligenztest Hier können Sie testen, wie schlau Ihre Zwergkaninchen sind und was sie alles lernen können. Viel Spaß dabei!

Durchs Labyrinth

Bauen Sie ein Labyrinth aus Pappkartons. Es muss gar nicht sehr kompliziert sein, sollte aber mindestens einen „falschen" Weg bzw. eine Sackgasse besitzen. Nun legen Sie an den Ausgang ein Stückchen Futter und lassen ein Kaninchen nach dem anderen den richtigen Weg suchen. Welches Kaninchen ist am schnellsten und welches braucht am längsten? Lernen die Tiere dazu und finden mit jedem Versuch den Weg ein wenig schneller? Was passiert, wenn Sie den Weg verändern? Wenn sich die Tiere geschickt anstellen, kann man den Schwierigkeitsgrad erhöhen.

Rot, grün, gelb

Sie benötigen drei Näpfe in den Farben Rot, Grün und Gelb. Nun kommt nur in den roten Napf etwas Futter und alle Näpfe werden zugedeckt. Natürlich werden Ihre Kaninchen durch Schnuppern schnell herausfinden, wo das Futter versteckt wurde. Doch Sie werden sehen: Nach einiger Zeit laufen sie gezielt zum roten Napf, egal wo er steht – und auch, wenn kein Futter darin zu finden ist.

Schlaue Kaninchen lernen schnell, in welchem Futternapf sie das Futter erwarten können.

Spielerische Futtersuche Unter den Klötzchen sind kleine Leckerbissen versteckt.

Intensiver Kontakt und kaninchengerechte Aufgaben machen die Tiere intelligenter und zufriedener.

Ganz schön pfiffig

Jedes Mal, wenn Sie Ihre Kaninchen füttern, pfeifen Sie oder klingeln mit einer Glocke – noch bevor Sie das Futter in den Napf geben. Die Zwerge kommen sicher neugierig angelaufen. Nach einiger Zeit probieren Sie aus, was passiert, wenn Sie nur pfeifen oder klingeln. Ziemlich sicher werden die Kaninchen auch jetzt wieder herkommen. Denn sie haben gelernt: Wenn es klingelt oder pfeift, gibt es etwas zu futtern.

Förderprogramm

Nach Ansicht von Tierpsychologen kann man Tiere durch gezielte Aufgaben und intensive Beschäftigung intelligenter machen. Das Wichtigste dabei: Sie sollten sich oft mit Ihren Zwergkaninchen beschäftigen, sie beobachten und ihnen kleine Aufgaben stellen. Animieren Sie die Tiere immer wieder zu neuen „Leistungen", denn Lernen fördert das Denkvermögen. Auch durch Futtersuchspiele, wechselnde Abenteuerspielplätze und täglichen Freilauf kann man die geistige Flexibilität steigern. Artgenossen, mit denen sie kommunizieren und sich einigen müssen, tragen ebenfalls zum wachen Geist bei.

Check

Wie gut kennen Sie sich?

Wie gut kennen Sie Ihre Zwergkaninchen? Und wie gut kennen Ihre Langohren Sie?

❑ Meine Kaninchen hoppeln sofort auf mich zu, wenn ich komme.
❑ Bei leckerem Futter kommen meine Kaninchen sofort angerannt.
❑ Ich weiß genau, welcher Zwerg der Neugierigste ist.
❑ Ich weiß aber auch, welches Kaninchen das Angsthäschen in der Gruppe ist.
❑ Meine Kaninchen lassen sich gerne streicheln und genießen es. Wenn sich eins von ihnen nicht so gern anfassen lässt, akzeptiere ich das.
❑ Meine Langohren haben täglich Freilauf, den ich immer wieder abwechslungsreich gestalte.
❑ Neue Spiel- und Turngeräte erkunden meine Kaninchen neugierig.
❑ Wenn ich mit der Hand im Heu raschle, kommen meine Zwerge neugierig angelaufen.
❑ Wenn ich Leckereien im Gehege verstecke, suchen meine Kaninchen sofort danach.

Treffen alle diese Aussagen auf Sie zu? Gratulation! Sie und Ihre Zwergkaninchen sind ein wirklich fittes Team!

Kaninchen-service

Zum Weiterlesen

Busch, Marlies: **Taschenatlas Pflanzen für Heimtiere, gut oder giftig?** Ulmer 2014

Dreyer, Eva-Maria: **Welche Wildkräuter und Beeren sind das?** Kosmos 2016

Kaninchenschutz e. V.: **Was Kaninchen wollen ...** Erhältlich im Internet unter www.kaninchenschutz.de/shop

Morgenegg, Ruth: **Artgerechte Haltung, ein Grundrecht auch für (Zwerg-) Kaninchen.** Kaufmann 2011

Spohn, Margot: **Was blüht denn da?** Kosmos 2015

Warrlich, Dr. Anne: **Zwergkaninchen.** Kosmos 2016

Warrlich, Dr. Anne: **Kosmos Handbuch Kaninchen.** Kosmos 2011

Wegler, Monika: **Kaninchen im Außengehege.** Gräfe & Unzer 2015

Zum Weiterclicken

Kanincheninfos
www.kaninchenschutz.de
Hier finden Sie fundierte Informationen über Kaninchen, zahlreiche Ansprechpartner, die Sie rund um die Kaninchenhaltung beraten, und viele Kaninchen, die ein neues Zuhause suchen.

www.diebrain.de
Ausführliche Informationen über alle Nager; mit Musterverträgen.

www.kaninchenberatung.de
Viele Tipps sowie überregionale private Vermittlung von Kaninchen.

Selbst gemacht

www.tierische-eigenheime.de
Wunderschöne Eigenbauten für alle Lebenslagen. Hier finden Sie Anregungen zu selbstgebauten Bodengehegen, Regalheimen, Innen- und Außenhaltungsmöglichkeiten.

Gekauftes

www.trixie.de
Hier finden Sie Häuschen, Gehege und anderes Zubehör für Ihre Zwergkaninchen.

www.kaninchenladen.de
Schönes Kräuterheu, getrocknete Blätter und Blüten sowie Gemüse können hier bestellt werden.

www.knabberzweig.de
Hier gibt es Knabberzweige und leckeres Heu.

Danke

Ein herzliches Dankeschön geht an alle Zwergkaninchenbesitzer, die ihre Tiere für das Fotoshooting zur Verfügung gestellt haben. Ebenfalls bedanken wir uns bei der Firma Trixie, die uns bei der Ausstattung der Fotos großzügig mit ihren Produkten unterstützt hat.
Der Kaninchenschutz e. V. übernahm die fachliche Beratung, stellte uns wertvolle Quellen zur Verfügung und stand uns beim Dreh der Filme fmit Rat und Tat zur Seite. Dafür bedanken wir uns herzlich.
Und natürlich ein dickes Dankeschön an alle Kaninchen. Ohne die Mithilfe aller Beteiligten vor und hinter den Kameras wäre es nicht so ein schönes Buch geworden.

Register

Bildnachweis

115 Farbfotos wurden von Tierfotoarchiv-Drewka/Kosmos für dieses Buch aufgenommen. Weitere Farbfotos von Juniors-Bildarchiv (1: S. 8) und Alexa Munderloh (1: S. 21).

Die Filme für die KOSMOS Plus App wurden von Dr. Daniela Janusch, Dr. Janusch medien service für dieses Buch gedreht.

Impressum

Umschlaggestaltung von GRAMISCI Editorialdesign unter Verwendung eines Farbfotos von kazoka/Shutterstock sowie drei Farbfotos von Tierfotoarchiv-Drewka/Kosmos (U4, Klappe innen vorne, oben Mitte und links unten), zwei Farbfotos von Tierfotoarchiv-Drewka (Klappe innen vorne oben links und unten rechts) und drei Farbfotos von Oliver Giel (Klappe innen vorne, oben rechts, unten Mitte, und hintere Klappe innen).

Mit 117 Farbfotos.

Unser gesamtes Programm finden Sie unter **kosmos.de**.
Über Neuigkeiten informieren Sie regelmäßig unsere Newsletter, einfach anmelden unter **kosmos.de/newsletter**

Gedruckt auf chlorfrei gebleichtem Papier

2. aktualisierte und überarbeitete Ausgabe
© 2018, Franckh-Kosmos Verlags-GmbH & Co. KG, Stuttgart
Alle Rechte vorbehalten
ISBN 978-3-440-15746-6
Projektleitung: Alice Rieger
Redaktion: Ute-Kristin Schmalfuss
Gestaltungskonzept: GRAMISCI Editorialdesign, München
Gestaltung und Satz: Atelier Krohmer, Dettingen/Erms
Aktualisierung: DOPPELPUNKT, Stuttgart
Produktion: Andrea Hehn
Druck und Bindung: Westermann Druck Zwickau GmbH, Zwickau
Printed in Germany / Imprimé en Allemagne

FSC
www.fsc.org
MIX
Papier aus ver-
antwortungsvollen
Quellen
FSC® C110508